一本书读懂
AIGC

ChatGPT、AI绘画、
智能文明与生产力变革

a15a　著

贾雪丽　0xAres　张炯　主编

电子工业出版社·
Publishing House of Electronics Industry
北京·BEIJING

内 容 简 介

本书以通俗易懂的方式从各个层面介绍了 AIGC 的基础知识，并辅以大量案例引领读者了解 AIGC 的应用实践，让读者可以更快速地利用 AIGC 改善工作和生活。

第 1 章从 AI 发展历史到资本市场近况阐述了 AIGC 产业的概况，第 2 章介绍了 AIGC 相关技术，第 3 章介绍了文本类 AIGC 技术的发展及其在传媒、教育、办公等场景中的应用，第 4 章介绍了声音类 AIGC 技术的发展及其在音乐、仿真等领域中的应用，第 5 章介绍了图片类 AIGC 技术的发展及其在图片生成、图片处理、图片识别等领域中的应用，第 6 章介绍了视频类 AIGC 技术的发展及其在视频生成、数字人等领域中的应用，第 7 章介绍了 AIGC 上下游产业链（包括芯片、VR 等相关设备、元宇宙建模）的概况，第 8 章提出了 AIGC 对人类文明发展产生的影响，并对普通人如何应对 AIGC 带来的"生产力爆炸"提出方法论。

AIGC 带来的生产力变革与每个人都息息相关，本书适合所有人阅读，特别是文本、图片、音视频等各类内容创作者，以及科技行业、金融行业的从业者和对 AI 领域感兴趣的读者。

图书在版编目（CIP）数据

一本书读懂 AIGC：ChatGPT、AI 绘画、智能文明与生产力变革 / a15a 著；贾雪丽，0xAres，张炯主编. —北京：电子工业出版社，2023.4

ISBN 978-7-121-35393-2

Ⅰ. ①一… Ⅱ. ①a… ②贾… ③0… ④张… Ⅲ. ①人工智能－普及读物 Ⅳ. ①TP18-49

中国国家版本馆 CIP 数据核字（2023）第 048087 号

责任编辑：石　悦
印　　刷：天津千鹤文化传播有限公司
装　　订：天津千鹤文化传播有限公司
出版发行：电子工业出版社
　　　　　北京市海淀区万寿路 173 信箱　　　　邮编：100036
开　　本：720×1000　　1/16　　印张：15.75　　字数：233 千字
版　　次：2023 年 4 月第 1 版
印　　次：2023 年 5 月第 3 次印刷
定　　价：79.00 元

凡所购买电子工业出版社图书有缺损问题，请向购买书店调换。若书店售缺，请与本社发行部联系，联系及邮购电话：（010）88254888，88258888。

质量投诉请发邮件至 zlts@phei.com.cn，盗版侵权举报请发邮件至 dbqq@phei.com.cn。

本书咨询联系方式：（010）51260888-819，faq@phei.com.cn。

本书编委会

主　　编： 贾雪丽、0xAres、张炯

参编人员： 王沛弘、李钰、刘博卿、戚耀文、
张国强、查尔斯、Cheney、李晨啸、
永宁老师、Crystal、许子正、秦筱箫、
侯佳颖、孙敬邦、RealDora、魏天琛、
贾雪娜

文字整理： 阿卡、Luis

特别感谢： 肖京、王义文、张之勇、星图比特、
深元科技

前　言

本书于 2022 年 9 月开始筹备编写，至 2023 年 3 月完结。在此期间，我们见证了 ChatGPT 的崛起，也见证了 AIGC 在全球范围内引起热议。

ChatGPT 有多火？或许我可以用自己真实经历的一天来简单说明。

2023 年 2 月 14 日，我在北京财富中心坐电梯，电梯中的 3 位中年人在争论 ChatGPT 是否可以代替人类写文字作业。10 分钟之后，当我在餐厅吃饭时，坐在我旁边桌上的人也在讨论 ChatGPT。晚上 8 点，我在健身的时候，健身教练问我是否知道 ChatGPT，能否教他怎么使用 ChatGPT 生成健身文案。晚上 10 点，年逾 60 岁的长辈给我发微信消息，说 ChatGPT 最近很火，或许可以帮助我写书。

不分年龄，不分职业，几乎所有的人都在关注 ChatGPT 和 AIGC，并且迫切地希望将其应用到自己的工作中。

问题是，上面提到的四批人，很明显都没有使用过 ChatGPT，甚至也没有使用过类似的"包壳产品"（许多所谓的 AIGC 应用其实连接的是 ChatGPT 的 API）。他们对 AIGC 的认知大多来自碎片化信息，而这些信息可能已经传播了五六手，甚至七八手。

我想问的第一个问题是，是否所有人都可以公平地享受科技发展带来的生产力进步？

显然不是。有相当一部分人，或因为接收信息渠道的问题，或因为受教育程度的问题，或因为自身学习能力的问题等，没有办法或机会快速接触新技术，更没有办法直接将其应用于现实的生活和工作中享受科技带来的便利。

AIGC 距离普通人很近，但其实也很远。更可怕的是，AIGC 应用越完善，内容生产的社会必要劳动时间就越少，人工就越没有价值。全社会新增劳动岗位的速度很快就会跟不上 AIGC 应用取代人工的速度，而不会使用 AIGC 应用的劳动者可能将无法获得收入，无法进行消费，从而逐步被剥离出经济循环。

科技本身并不具有公平性。新科技的诞生需要以巨大资源聚集为前提，其应用落地更不会在全世界平均分布、等速进行。但是，人类文明需要公平。a15a 的使命就是为尽可能多的普通人提供认识新科技的渠道，打破知识垄断，让科技普惠大众。基于这个目的，我们编写了本书，并尽可能地把 AIGC 的原理写得通俗易懂。第 2 章读起来可能会比较吃力，需要对 AI 技术有一定的了解，建议对 AI 技术了解较少的读者可以在阅读完其他章节之后再选择性阅读。

我的另外两个问题是：

科技带来的是一个什么样的世界？

科技真的会让世界变得更好吗？

我无法给出答案，且将这两个问题留给读者。

不过有一点毋庸置疑：世界正在被 AIGC 改变，并且变化的速度逐渐加快。若干年后回顾人类历史，或许此时的我们已经身处一次爆炸式生产力变革之中。

0xAres

2023 年 3 月

目　录

第 1 章
我们为什么要关注 AIGC

1.1　从人工智能到人工智能生成内容

AIGC，即 AI Generated Content，直译为人工智能生成内容。在中文语境下，AIGC 既可以作为名词来指代人工智能生成的内容或者相关的技术，也可以作为动词指特定的"生成"行为，还可以作为形容词用以描述特定的技术、内容、应用、生态等。AIGC 包括文本、图片、视频、音频及其他数字内容，可以用于营销、娱乐、创作等不同的场景中。在了解 AIGC 之前，我们需要先了解人工智能的发展史。早在 20 世纪 50 年代，人工智能的概念就已经出现了。许多科幻小说早就展示过类似于"人工智能"的概念。在莱曼·弗兰克·鲍姆所著的童话故事《绿野仙踪》中，没有人类大脑和意识却可以像人类一样行动的"铁人"锡樵夫，就是人工智能机器人的一种形式。20 世纪 50 年代的一群计算机科学家、数学家和哲学家，经过反复的实验与科学测算，终于将人工智能这项技术正式地应用到了我们的生活中。

虽然"计算机科学之父"艾伦·麦席森·图灵早年间并没有直接定义"人工智能"这一概念，但是奠定了这项技术的逻辑基础。艾伦·麦席森·图灵提出了一个发人深省的问题，"如果人类可以运用已知的信息去解决问题和做出决策，那么为什么机器不能做同样的事情呢？"这就是后来人们所熟知的"图灵测试"。他也提出了"模仿游戏"理论，认为人类应该拥有辨别是在与机器还是在与人类交谈的能力。这便是人工智能最早的起源。

1956 年，在约翰·麦卡锡（John McCarthy）和马文·李·明斯基（Marvin Lee Minsky）主持的达特茅斯会议中，人工智能这个概念正式被约翰·麦卡锡和马文·李·明基斯定义。这场会议也被认为是历史上最早的以"人工智能"为主题的会议。

尽管人工智能（Artificial Intelligence，AI）这个概念的诞生在学术界引起了许多人的兴趣，但是在这之后，AI 行业迎来了第一个寒冬。当时，计算机的内存非常小，而极小的内存和短期的记忆导致计算机无法进行大型计算，自然也无法让 AI 大展宏图。20 世纪 60 年代早期，AI 研究进入了瓶颈期。

20 世纪 70 年代，AI 研究又重新出现在大众的视野中，并且迎来了"专家系统"的黄金时代。"专家系统"是指在特定的知识领域内，具有专家水平解决问题能力的计算机程序，是 AI 技术应用的一个子集。"专家系统"通常由以下 3 个基本组件组成：①知识数据库，包含代表人类知识和经验的事实与规则；②推理引擎，用于处理咨询并确定如何做出推论；③与用户交互的输入/输出界面。"专家系统"被应用在多个著名的研究实验室的器械中。1972 年，Prolog 作为一种新的逻辑编程语言被开发了出来。它旨在处理计算语言学，特别是自然语言处理。1980 年，在世界五百强公司中几乎一半的公司都在做专家系统的研究开发和应用，包括 IBM、HP、Xerox 等。

1997 年，Deep Blue 在国际象棋比赛中击败了当时的世界冠军加里·卡斯帕罗夫，这是 AI 技术发展史上极具象征意义的时刻。尽管 Deep Blue 用的还是只能在象棋比赛中运用的算法，但是这次成功也验证了赫伯特·西蒙 1957 年在 AI 技术起源早期提出的"AI 将在象棋方面打败人类"的预言。

尽管 AI 技术在这个时期取得了巨大成功，但是并没有给这项技术吸引到额外的资本支持。1980—1990 年，AI 技术的发展逐渐减慢。研究人员只清楚

AI 的功能及如何使用这些功能，并不能够准确地理解机器如何进行推理和测算。

2010 年之后，随着大数据时代的到来和计算机计算能力的飙升，AI 技术进入了黄金发展期，各项利用 AI 技术的科技应用层出不穷。

随着 Open AI 在 2022 年 11 月推出了大型语言模型（Large Language Model，LLM）应用 ChatGPT，AI 技术在大众面前展现出了更加成熟的面貌。AI 技术也随着 ChatGPT "飞入寻常百姓家"，再也不是一个冰冷且遥远的高端技术词汇，而是可以被我们每一个普通人都运用在生活中并改变信息承载和传播的高效工具。ChatGPT 的诞生也同样给技术界的从业者们带来了新的启发。于是，AIGC 的概念应运而生。

AIGC 概念产生的前一年，即 2021 年，被称为 "元宇宙元年"。许多元宇宙相关的新概念与产品诞生于这一年。元宇宙将极大地扩展人类的存在空间，而在迈向元宇宙的过程中，需要大量的数字内容来支撑，仅靠人工设计和开发根本无法满足需求，AIGC 应用正好可以解决这个问题。

AIGC 应用将是推动数字经济从 Web2.0 向 Web3.0 升级的重要生产力工具，其内容生态也在逐渐丰富。起初，AIGC 应用可以生成的内容形式以文字和图片为主，现在可以生成视频、语音等多种内容形式。这与深度学习模型的不断完善、开源模式的推动及数字内容需求的不断增加密不可分。2023 年的关键词非 AIGC 莫属。

如图 1-1 所示，推特账号工程世界（World of Engineering）的数据显示，从产品上线到拥有 1 亿个日活跃用户，电话用了 75 年，手机用了 16 年，万维网用了 7 年，推特用了 5 年，Instagram 用了 2.5 年，而 ChatGPT 仅仅用了两个月。

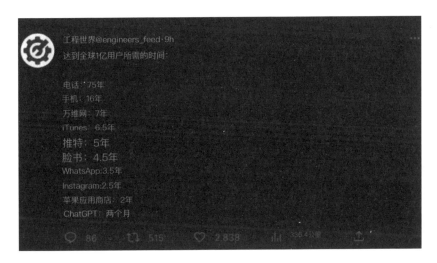

图 1-1

1.2　巨头如是说

尽管 AIGC 领域处于刚起步的阶段，持续盈利模式尚未确定，但仍不影响资本和机构加速入场。目前，不仅国内一级市场、互联网"大厂"等对 AIGC 领域的关注度快速提高，而且 AIGC 领域也已经成为硅谷的热门投资领域。下面介绍一下国内外"大厂"在 AIGC 领域的布局，这或许能为我们带来一些启示。

1.2.1　国外"大厂"在 AIGC 领域的布局

1. 微软在 AIGC 领域的布局

可以说，微软是在 AIGC 领域布局的先行者。自 2019 年起，微软开始与人工智能实验室 OpenAI 合作，初始投资 10 亿美元。2023 年 1 月 24 日，微软宣布追加数十亿美元投资扩大合作关系。ChatGPT 是微软对 OpenAI 投资的核心产品，奠定了微软在 AIGC 领域头部影响者的地位。

微软还将 ChatGPT 与已有的办公产品相结合，积极推进原有的产品线 AI 化升级：①与团队协作工具 Microsoft Teams 结合，推出了智能概述功能，该功能可以自动生成会议笔记和会议重点的内容（用户可以在不参加会议的情况下获得会议的内容提要）；②与销售人员体验应用平台 Viva Sales 结合，推出邮件回复功能，通过 AI 帮助销售人员完成许多繁杂且重复的文字工作；③与搜索引擎 Bing 结合，推出聊天获取答案功能，让搜索引擎在更具交互性的环境中给出更完整的答案；④与浏览器 Edge 结合，推出聊天和编写功能。微软致力于持续推进 AI 的落地应用，这也反向带动了微软云服务需求。用微软 CEO 萨提亚·纳德拉（Satya Nadella）的话来说，微软的每个产品都将具备相同的 AI 能力，彻底改头换面。

微软在 AIGC 领域除了布局了现象级产品 ChatGPT，还布局了 Copilot 内置式软件开发 AI 协助服务与 DALL·E 2 模型等。

2. 谷歌在 AIGC 领域的布局

谷歌在 AIGC 领域的布局比微软稍晚。2023 年伊始，在 ChatGPT 席卷全球之际，谷歌火速出手，时任 CEO 桑达尔·皮查伊连续牵头开会商议应对方案，谷歌的两位创始人拉里·佩奇和谢尔盖·布林也亲自到场，由此可见谷歌对 AIGC 领域的重视程度。彼时市场上有诸多对 ChatGPT 未来发展的预测，一种流传较广的说法是 "ChatGPT 普及之后干掉的第一个旧时代产物，很可能就是搜索引擎"。

谷歌旗下的 DeepMind 公司的聊天机器人 Sparrow 可能会在 2023 年晚些时候进入测试阶段。其负责人表示希望 Sparrow 在基于强化学习的功能上能够与 ChatGPT 抗衡。据悉，Sparrow 采用了一种基于人类反馈的强化学习框架，设计的初衷是与用户聊天，并且可以在回答问题时，利用谷歌搜索出相关的信息来作为支撑证据。在投融资方面，谷歌对 Anthropic（ChatGPT 的竞品）投资了 3 亿美元。

国外"大厂"专注在底层通用的 LLM 的研究上，更多的是聚焦在文本训练和自然语言处理领域，投入了大量成本在 AI 训练上，奉行科研先行的策略。下面再来看一看国内"大厂"在 AIGC 领域的布局与国外"大厂"的布局有何不同。

1.2.2　国内"大厂"在 AIGC 领域的布局

2023 年年初，ChatGPT 风头无两，国内"大厂"也纷纷表态，争相向公众展示自己在 AIGC 领域的成果，布局大模型研发和产品级应用。

1. 腾讯在 AIGC 领域的布局

在 ChatGPT 极热之时，国人的目光自然而然地投向腾讯。由于 ChatGPT 使用的训练语料的问题，其中文问答的表现远远逊色于英文，于是国人十分期待腾讯能推出更好的中文对话产品。毕竟，腾讯执掌着中文社交产品的大半壁江山，同时微信搜一搜也在中文搜索引擎领域占据了重要地位。在内容方面更无须多说，腾讯庞大的生态将成为 AIGC 最广阔的舞台。

事实上，腾讯在 AIGC 领域的布局早就开始了，只不过尚未在产品端大规模推进，而是集中于模型的研发和训练阶段。微软有 GPT 系列模型，而腾讯也有"混元"模型。"混元"是一个包含计算机视觉、自然语言处理、多模态内容理解、文案生成等多个方向的超大规模 AI 模型。早在 2022 年 4 月，腾讯就宣布"混元"模型在 MSR-VTT、MSVD、LSMDC、DiDeMo 和 ActivityNet 五大跨模态视频检索数据集榜单中先后取得第一名。此后，"混元"模型多次登顶中文自然语言理解权威测评榜单 CLUE。

腾讯的研发实力已然得到证实，不过大众关心的还是何时能推出 C 端产品，或者说，公众期待的是一个对中文友好的国产版"ChatGPT"。在这一点上，百度的反应很快。

2. 百度在 AIGC 领域的布局

2023 年 2 月 7 日，紧追 ChatGPT 的热潮，百度推出类 ChatGPT 产品"文心一言"。推出"文心一言"后仅一周，就有多家元宇宙营销公司宣布将接入"文心一言"，与百度共同探索并推进 AIGC 在多种场景中的模型训练和落地应用。此前，百度 CEO 李彦宏曾多次力推 AIGC，十分看好 AIGC 的未来发展。

3. 阿里巴巴在 AIGC 领域的布局

阿里巴巴从 2020 年年初便启动中文大模型研发工作，同年 6 月即推出了有 3 亿个参数的基础模型，2021 年曾发布国内首个有超百亿个参数的多模态大模型 M6，以及被称为"中文版 GPT-3"的语言大模型 PLUG。M6 已经在阿里巴巴生态内部有所应用，并且也有消息称阿里巴巴正在研发对标 ChatGPT 的对话机器人通义千问。

4. 商汤科技在 AIGC 领域的布局

商汤科技是国内老牌 AI 企业之一，其在 AIGC 领域的布局从 2016 年就开始了。商汤科技的研究方向是搭建通用型 AIGC 模型，涵盖文字、语音、图片、视频、代码、三维人物动作等多模态的数据分析和内容生产。商汤科技拥有以上海临港人工智能计算中心（AIDC）为代表的超大算力中心。

5. 旷视科技在 AIGC 领域的布局

旷视科技也是国内 AI 企业的代表。如果你有去网吧的习惯，那么可能会经常看到旷视科技的"扫脸"硬件产品。2023 年 2 月，旷视研究院基础科研负责人在接受采访时表示，旷视研究院会坚定地进行生成式大模型的研发，专注"AI in Physical"，把底层技术研究更多地应用在自动驾驶、机器人之类的复杂决策领域。

截至 2023 年 5 月，字节跳动、网易、快手、科大讯飞、京东等国内"大厂"均放出研发大模型的消息，中国互联网圈再次迎来群雄逐鹿的时刻。

1.3　资本狂潮

在 2022 年各个领域的融资"寒冬"之下，AIGC 相关的初创公司逐渐吸引了全球各大风险投资公司的注意力。从 2022 年 9 月红杉官网发布生成式 AI 的分析文章，到 10 月 Stability AI、Jasper.ai 等 AI 公司获得了大额融资，AIGC 领域的融资和崛起正式拉开了帷幕。

自从 2020 年初代 GPT-3 模型发布至今，风险投资公司对 AIGC 领域的投资逐年增加，2022 年达到了 129.4 亿元[①]。

2020—2022 年，全球 AIGC 领域的融资总额达到 156.2 亿元，融资次数共计 50 次。从全球融资规模来看，B 轮及以后的融资规模占比达到 44.4%。

在全球范围内，AIGC 领域目前约有 250 家初创公司，其细分领域包含部

---

① 更多融资方面的内容可以查阅非凡产研于 2023 年 1 月 6 日发布的文章《行业洞察｜万字长文解读 AIGC 如何革命性提效内容营销》。

署平台、文本、图片、音频、对话等。2022 年，AIGC 领域收到的投资额超过 26 亿美元，共诞生出 6 家独角兽企业，估值最高的就是 290 亿美元的 OpenAI。

我们整理了一些在 AIGC 领域中融资 2000 万美元以上的公司，见表 1-1。

表 1-1

创立时间	公司名	细分领域	总部
2022	Inflection AI	部署平台	美国加利福尼亚州旧金山市
2021	Anthropic	文本	美国加利福尼亚州旧金山市
2021	Jasper	文本	美国得克萨斯州奥斯汀市
2019	Cohere	部署平台	加拿大多伦多市
2019	Glean	语义搜索	美国加利福尼亚州旧金山市
2019	OctoML	部署平台	美国华盛顿州西雅图市
2019	Anyscale	部署平台	美国加利福尼亚州旧金山市
2017	Weights&Biases	部署平台	美国加利福尼亚州旧金山市
2017	Observe	对话	美国加利福尼亚州帕洛阿尔托市
2017	Woebot Health	对话	美国加利福尼亚州旧金山市
2017	Cresta	对话	美国加利福尼亚州旧金山市
2017	AI21 Labs	部署平台	以色列特拉维夫港口
2016	Scale AI	部署平台	美国加利福尼亚州旧金山市
2016	Hugging Face	部署平台	美国纽约州纽约市
2016	Soulm Machines	图片	美国加利福尼亚州旧金山市
2015	OpenAI	部署平台	美国加利福尼亚州旧金山市
2015	Primer	归纳	美国加利福尼亚州旧金山市
2014	ASAPP	对话	美国纽约州纽约市
2014	InstaDeep	部署平台	英国伦敦市
2014	Insilico	生物	中国香港特别行政区
2011	Dialpad	音频	美国加利福尼亚州旧金山市
2009	Grammarly	文本	美国加利福尼亚州旧金山市

纵观在 AIGC 领域中得到融资的公司，国外顶级资本投资公司在细分领域中对部署平台（MLOps/Platform）颇有青睐，其次是对话。

a16z 公司在对数十名生成式 AI 行业的从业者观察后得出结论，到目前为止，基建供应商或许是最大的赢家，它们获得了大量的利润，收入快速增加，但在留存率、产品差异化、利润率等方面往往到达了瓶颈。尽管在这一领域中，模式供应商是必不可少的，但是它们中的绝大部分都还没有完全商业化。换句话说，创造最大价值的公司——训练生成式 AI 模型并将其应用在应用程序中的公司，尚未获取最大的价值。

1.4　异军突起的独角兽企业

1.4.1　OpenAI

2022 年 11 月，OpenAI 发布了聊天机器人程序 ChatGPT，在发布后第五天用户量就达到了 100 万，之后仅 2 个月时间用户量就已经破亿。ChatGPT 一夜爆火，成了现象级产品，随之给 AIGC 带来了巨大的话题量和关注度。

2023 年 1 月 24 日，微软宣布其旗下所有的产品将全线整合 ChatGPT，这一举动也将 OpenAI 彻底推上全球热搜的浪尖。

成功的创业好像都是类似的，而失败的创业各有各的不同。从基本面上来看，这家公司的成功似乎是必然的。

首先，它有一位超级创始人。OpenAI 的创始人 Samuel Altamn 是美国知名风险投资机构 YC 的前总裁、现任董事长，可以说是美国硅谷的风云人物。

其次，它得到了来自硅谷的巨额资金支持。在 2023 年年初微软投资百亿美元之前，OpenAI 已完成数轮个人与机构融资，其累计融资金额超 40 亿美元。这与其创始人在投资圈强大的人脉和 OpenAI 不断输出前沿 AI 模型脱不开关系。

人才当然也是不可或缺的。OpenAI 在加利福尼亚州有 375 名常驻员工，大多数员工是 AI 领域的顶级技术人员，这些技术人员每年的工资总额高达 2 亿美元。

1.4.2　Stability AI

Stability AI 是一家由 AI 驱动的视觉艺术初创公司，这家创立于 2020 年的年轻公司在图片生成领域可谓一枝独秀。2022 年 8 月，Stability AI 正式公开发布产品 Stable Diffusion，同年 10 月，完成了 1.01 亿美元的种子轮融资，公司估值达 10 亿美元，领投公司为以支持开源著称的 Coatue、Lightspeed 及 O'Shaughnessy Ventures。经过本轮融资，这家 AIGC 企业正式晋升为 AI 独角兽企业。

Stability AI 的创立与 OpenAI 也颇有渊源。OpenAI 为 AI 研究人员提供了相对自由的环境和资金、算力支持，但却在 2020 年爆发了财务危机，导致大批研究人员出走。Emad Mostaque 受到 OpenAI 的启发，决定成立一家类似于 OpenAI 的机构，以支持 AI 领域的开源研究。Emad Mostaque 彼时已在多家公司担任过高管，并有超过 20 年的投资基金工作经历。Stability AI 的早期资金基本上来源于他的个人财富。截至 2023 年 2 月，Stability AI 也确实践行着成立之初的理念，将开源进行到底。

截至 2023 年 2 月，每天有超过 1000 万个用户会使用其开源的 Stable Diffusion。Stability AI 旗下的线上平台 DreamStudio 已经有 150 多万个用户。这些用户来自全球 50 多个不同的国家，已经在 DreamStudio 平台上创作了 1.8

亿多幅 AIGC 作品。用户可以在如图 1-2 所示的 DreamStudio 平台上通过文本描述来生成图片。简单地说，用户可以自由地输入文字信息来描述图片，DreamStudio 平台能根据用户的描述进行绘画并导出图片。

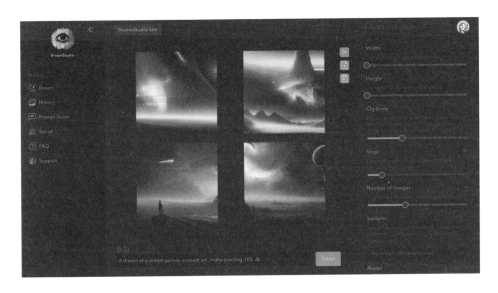

图 1-2

1.4.3　Scale AI

Scale AI 主要利用软件和人工为创建机器学习算法的公司处理和标注数据，给数据贴上标签，通过提供一个以数据为中心的端到端解决方案来管理整个机器学习生命周期。Scale AI 先后为 Waymo、Toyota、Lyft 等公司提供用于机器学习的数据标注服务。

2016 年 1 月，Scale AI 的创始人 Alexandr Wang 在一家高频交易公司工作时发现，虽然有很多公司都想涉足 AI 领域、推出相关项目或者产品，但绝大多数公司并没有科技巨头的内部资源，所以他认为创办一个服务于公司客户的 AI 基础设施服务商会很有前景。2016 年 8 月，Scale AI 获得了 12 万美元的种子轮融资。2021 年 4 月，Scale AI 又获得了 3.25 亿美元的 E 轮融资。虽然当今市场上数据标签公司之间的竞争日趋激烈，但投资者们认为，Scale AI 使用的标注方式的效率更高、成本更低。

1.5 行业"大牛"：谁是下一个"乔布斯"

在这些 AIGC 公司广受关注的同时，人们也把更多的目光投向这些新晋独角兽企业的创始人。人们纷纷猜测其中的哪一位会成为下一个"乔布斯"。翻开他们的履历，我们不难发现这些未来的商业科技大佬们有明显的共通之处。

1. 出名要趁早

这些年轻的创始人多为有名校背景的天才少年，早在十几岁时便初露锋芒。以 Alexandr Wang 为例，他在一篇文章中提到，"从高中开始，我就已经有了几次在创业中期企业工作的经历，因此在上述公司（指的是科技"大厂"）工作对我来说已经算不上成长机会。"OpenAI 的创始人 Sam Altman 在 8 岁学编程，在 20 岁就当上 CEO。

2. 学历并非成功的必需品，但名校背景可能是

从名校辍学的经历似乎是科技独角兽企业创始人的经典履历之一。当然，他们辍学并非因为挂科。相反，他们往往在大学里得到了极高的成绩。有些人试图用"比尔·盖茨是从哈佛大学退学之后创办的微软"来说明学历并非成功的必需品，然而他们忽略了比尔·盖茨先上了哈佛大学这个前提条件。与互联网时代的创业公司一样，AIGC 领域的独角兽企业的创始人也呈现了明显的名校派系。这些年轻的创始人往往来自哈佛大学、斯坦福大学、麻省理工学院、卡耐基梅隆大学、牛津大学等顶级名校，而他们的创业伙伴也恰恰是在校园或者商业竞赛中认识的。高端学府不仅为这些未来的科技大佬们提供了优良的教育和科研支持，还为他们构建了优质的交友圈。

Scale AI 的创始人 Alexandr Wang 是一位天才，早在十几岁时，就已经在编程比赛中展露出天赋，在 17 岁时就已经获得了 Addepar（金融科技应用）和 Quora（国外知名的问答网站）的工作邀请，在 19 岁时从麻省理工学院辍学。当时，他在麻省理工学院的 GPA（一种成绩的计算方式）达到了 5.0。随后，他与从卡耐基梅隆大学辍学的 Lucy Guo 一起创办 Scale AI。短短数年时间，Scale AI 的估值已经达到 73 亿美元，而 Alexandr Wang 也被媒体冠以"最年轻的白手起家的亿万富翁"以及"下一个埃隆·马斯克"之名。此外，Alexandr Wang 的父母均为物理学家，这意味着他具有良好的基因和家庭教育环境。

OpenAI 的创始人 Sam Altman 也有类似的经历。他仅仅在斯坦福大学学习了两年就与两名同学一起辍学，并全职投入开发应用程序 Loopt[①]的创业中。他在 28 岁时担任 YC 孵化器的 CEO，随后一年辞任，专心发展 OpenAI，走上了改变人类历史的道路。

3. 硅谷助力

硅谷的创业环境无疑是独角兽企业崛起的最佳助力。其实不只是 AIGC 初创企业，众多我们熟知的科技或互联网公司梦开始的地方都是硅谷。

最后，让我们回到本章标题的问题，为什么要关注 AIGC？

答案很简单，因为全世界最聪明的人和最有钱的人都在这么干。

---

① 一个实时分享位置的社交类软件，2012 年被 Sam Altman 和他的联合创始人以 4300 万美元的价格出售。

第 2 章

AIGC 相关技术介绍

近年来，随着机器学习、计算机视觉和自然语言处理等技术的发展，AIGC 技术也得到迅速发展；AIGC 应用生成的内容质量显著提高，且越来越具有真实性。此外，技术的进步也使得 AI 生成算法能够生成类型更广泛的内容，如文章、诗歌、歌曲、3D 模型，甚至视觉艺术等。在专业化程度上，目前 AIGC 应用在语言理解和生成能力方面越来越趋于人性化，与之前单一回答问题相比，现在也可以具备讽刺、幽默和夸张等情感色彩，声音也越来越接近于人类，甚至难以区分。同时，随着元宇宙时代的来临，增强现实和虚拟现实等技术逐渐被广泛应用，从而出现了新的令人兴奋的 AIGC 应用。

目前，文本类 AIGC 主要依赖于自然语言处理（Natural Language Processing，NLP）。NLP 是一种让计算机能够解读、处理和理解人类语言的技术。NLP 主要是通过时序神经网络实现的。1986 年，Michael I. Jordan 定义了时序的概念，并提出了 Jordan Network 结构，这个网络结构可以被认为是时序神经网络的雏形。时序神经网络主要是为了处理序列信息，即后面的输入与前面的输入有一定的关系，NLP 中的对话系统及机器翻译等都是时序任务。四年后，Jeffrey L.Elman 对 Jordan Network 进行简化，便有了如今的循环神经网络（Recurrent Neural Network，RNN）。RNN 在处理序列信息上具有天然优势，并在多个 NLP 任务中取得了很好的表现。RNN 也存在一定的弊端，RNN 的结构设计使其当前的输出可以追溯到所有的历史信息，但是由于可利用的历史信息是有限的，所以会导致一些重要信息丢失，影响模型效果，这就是所谓的"梯度消失"问题。为了解决这个问题，Jurgen Schmidhuber 等人于 1997 年提出了长短期记忆（Long Short-Term Memory，LSTM）网络。LSTM 网络引入了"门"的概念，通过输入门、遗忘门和输出门分别对信息进行筛选输入、筛选遗忘和筛选输出，从而大大地缓解了 RNN 训练的问题。

随着 Transformer 模型的诞生，NLP 也进入了新的阶段。在如今几乎所有的 NLP 任务中，都可以看到 Transformer 模型的影子。Transformer 模型是由 Vaswani 等在 2017 年提出的一种新颖的深度学习模型，摒弃了传统的 RNN 和 LSTM 网络等神经网络结构，采用了注意力机制模块。注意力机制是由 Bengio 团队于 2014 年提出的，并很快被应用到 AI 的各个领域，包括计算机视觉和 NLP 等。Transformer 模型的发展给 NLP 领域带来了新的变革。近年来，基于 Transformer 模型架构的 LLM 层出不穷，著名的有 Radford、Alec 等人于 2016 年提出的基于 Transformer 的双向编码器表示（Bidirectional Encoder Representations from Transformer，BERT）模型和 OpenAI 团队提出的生成预训练（Generative Pre-Training，GPT）系列模型（GPT-1、GPT-2、GPT-3、ChatGPT 等）。BERT 模型具有较强的序列关系和语法描述能力，因此主要被应用于自然语言理解任务中，如分类、句子关系判断、情感识别等。GPT 系列模型则天然地符合语言模型特性，所以在自然语言生成任务上具有很强的优势，如文本摘要、聊天机器人、机器翻译等。

除了 NLP，AIGC 还与图像生成技术密切相关。近期大火的 AI 绘画模型 Stable Diffusion 在业界引起了很大的轰动。Stable Diffusion 模型由 CompVis 和 Runway 团队于 2021 年提出，主要用于图像生成和图像修改。通过提供一段文字描述，Stable Diffusion 模型就能创造出不同视觉效果的图像，且生成的图像质量非常高。同时，在文字描述中还可以对生成的图像风格进行条件限制，如二次元、抽象、艺术、插画、摄影等。AI 绘画技术的发展提高了很多行业的工作效率，如设计、艺术创作等，同时也给完全没有绘画基础的人提供了绘画机会。

随着 AI 技术的发展，AIGC 技术也在不断演进和发展，从早期的规则系统逐渐发展到基于机器学习和深度学习的生成技术，以及到现在的 LLM 架构。目前，AIGC 也不再局限于文本内容和图像，还囊括了音频、视频及 3D 模型等内容。鉴于 ChatGPT 和 Stable Diffusion 的惊人效果，AIGC 应用也趋向于使用 LLM 架构。本章将根据技术演变来介绍几个关键的 AIGC 技术。

2.1　规则系统

基于规则的生成算法主要通过制定规则来生成新的数据，最早的系统开发于 20 世纪 60 年代，主要用于 NLP 和专家系统等任务。20 世纪 90 年代以后，基于规则的系统与机器学习算法相结合实现了更加灵活和复杂的规则体系。基于规则的生成算法主要利用预定义的规则和模板生成文本、图像与音频等内容。

在文本生成方面，常用的基于规则的文本生成算法有模板匹配法。在内容生成之前需要预先定义语法规则或模板，根据这些规则和模板生成文本片段，将生成的文本片段与预先定义的规则和模板进行匹配，以确保符合预先定义的规则和要求，然后重复生成和匹配过程，直至生成最终的目标文本。

在图像生成方面，主要通过编写对形状、颜色、纹理等一些元素进行组合和操作的规则形成具有艺术性的图像。

在音频生成方面，主要利用数字信号处理技术（正弦波、滤波器等）来生成具有欣赏性的声音。

基于规则生成的内容具有较强的可控性和可解释性，但是对于规则和模板的定义，需要有一定的先验知识和对相关领域技术的理解。另外，由于受到规则和模板的限制，生成的内容具有较强的局限性，难以满足丰富和多样化的要求。目前，虽然随着深度学习技术的发展，生成文本、图像和音频等内容的技术都得到了大幅提高，但是对于一些特殊情况的处理，规则系统依然作为重要的辅助解决方案。

2.2 变分自编码器

变分自编码器（Variational AutoEncoder，VAE）是一个深度学习生成模型，由 Diederik P.Kingma 和 Max Welling 于 2013 年提出，主要用于图像风格迁移、文本生成和音乐合成等领域。VAE 的模型架构来自自编码器（AutoEncoder，AE），所以要想理解 VAE，需要先对 AE 的原理有一定的了解。AE 由 Rumelhart、Hinton 和 Williams 于 1986 年提出，旨在学习数据的"信息"表示，然后根据这些信息表示以尽可能低的误差重构输入观察值，即输入样本数据。AE 可以用来压缩数据和去噪，对多维数据进行降维操作，从而降低计算复杂度，提高效率。图 2-1 所示为 AE 的一般架构，AE 的主要组成部分有编码器、潜在特征表示和解码器。编码器是指将输入表示成中间表达形式的过程，也可以被认为是特征抽取过程；潜在特征表示是指满足某些特征的分布，能够代表数据内在结构或某种抽象的变量；解码器是指将中间表达形式表示成输出的过程。AE 一般是一个严格对称的结构。在降维操作或者特征压缩应用上，AE 的训练可以被认为是一种无监督学习，即不需要提供标记数据就可以进行模型训练，因为训练目标是让模型的预测输出尽量逼近输入观察值。

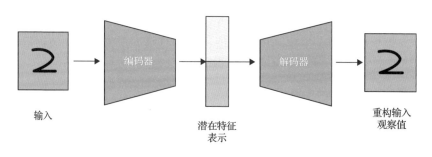

图 2-1

训练 AE 就是学习提取和压缩数据的核心特征，以及使用这些特征重构原始数据的过程。在训练过程中，会引入一个重构误差（Reconstruction Error，RE）的概念，它用来度量 AE 重构输入观察值的好坏，最典型的是均方误差（Mean Squared Error，MSE）和二元交叉熵（Binary Cross-Entropy，BCE）等。因此，训练目标可以表示为最小化重构误差，用 Δ 表示重构误差，则训练目标（最小值）可以表示为

$$\mathrm{argmin}_{f,g}\left([\Delta\left(x_i, f\left(g\left(x_i\right)\right)]\right)\right)$$

式中，x_i 为输入观察值；$f(g(x_i))$ 为重构的输入观察值。

目前，在大部分情况下编码器和解码器都是利用神经网络实现的。这是因为一方面一些软件库（TensorFlow 或 PyTorch）的普及使得 AE 可以快速实现，另一方面因为神经网络在实际应用中表现优异。

VAE 的模型架构与 AE 类似，也是由编码器、潜在特征表示和解码器三部分组成的。与 AE 不同的是，VAE 用概率编码器和概率解码器来替代 AE 中确切的编码和解码过程。在 VE 中，每个潜在特征表示都对应一个固定的输入，所以每个潜在特征表示都可以通过解码器得到一个近似输入的输出结果。简单来说，AE 中的输入数据被转换成一个编码向量，解码器根据这些数值尝试重新创建原始输入；VAE 主要实现了描述隐空间的概率方式，编码器的主要目的是描述每个潜在特征表示的概率分布。

假设某个真实样本 X_k 满足正态分布 $p(Z|X_k)$，VAE 的目标的是训练一个生成器 $X = g(Z)$，使得从分布 $p(Z|X_k)$ 中采样的 Z_k 可以还原为 X_k。Z_k 不是直接由编码器算出来的，而是通过重新采样得到的，因此在重构过程中会受到噪音的影响。

$p(Z|X_k)$ 可以通过一个均值网络和一个方差网络进行拟合，Z_k 就可以从这

个分布中进行采样，再通过一个生成器 $X = g(Z)$ 得到生成的结果。为了增加模型的随机性，以及使其具备生成能力，$p(Z|X_k)$ 被设置为向标准正态分布靠拢，这主要通过在重构的误差上加入额外的损失实现。

VAE 已经被应用于许多生成任务中，如图像迁移和文本生成等。图像迁移可以将输入图片通过 VAE 迁移/输出成其他风格的图片，如将风景画迁移成艺术画、将人像迁移成二次元风格的图片等。在文本生成任务中，一般是给定上一句的文本和主题等约束条件，然后生成下一句文本。VAE 是非常强大的模型，因为它可以处理各种数据类型，包括序列数据、非序列数据、连续数据和离散数据。但是由于损失函数的计算方式导致 VAE 生成的数据质量一般不高。

2.3 生成对抗网络

随着深度学习技术的发展，深度神经网络在图片生成、语音合成和 NLP 等领域都展现出了卓越的性能。绝大多数深度神经网络模型都基于有监督学习的训练方法，而无监督学习仍是一个相对冷门的研究领域。受到博弈论中零和博弈理论（指博弈方的利益之和为零或者一个常数，即一方有所得，其他方必有所失）的启发，生成对抗网络（Generative Adversarial Network，GAN）应运而生，作为一种新的实用框架，其卓越的数据生成能力在无监督学习领域中获得了广泛关注。

2.3.1 GAN 模型训练原理

GAN 是 Ian Goodfellow 等人于 2014 年 6 月提出的一种深度学习模型，也被称为 Vanilla GAN。

其基本思想是同时训练两个网络，即生成器和鉴别器。生成器的目标是生成与训练数据相同分布的样本，而鉴别器则是一个二元分类器，用于判断样本的真伪。GAN 模型的训练过程如图 2-2 所示，$z \sim p_z(z)$ 为满足 $p_z(z)$ 分布的随机噪音，G 为生成器，D 为鉴别器，$x \sim p_{data}(x)$ 和 $p_g(x)$ 分别为满足概率分布 $p_{data}(x)$ 和 $p_g(x)$ 的数据集和生成数据。

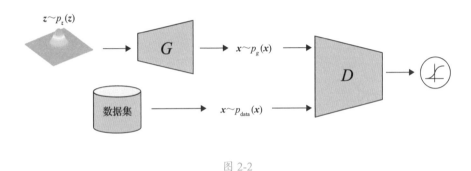

图 2-2

1. 生成器的训练

生成器的输入为从预定义的潜在空间中采样得到的隐向量 z，其训练目标是通过隐向量 z 生成符合训练数据分布的样本，作为鉴别器的输入，并且生成的样本需要足够真实，要达到让鉴别器无法区分生成样本和真实样本的"境界"。

2. 鉴别器的训练

鉴别器的输入为从数据集中采样的真实样本及生成器生成的样本。作为一个二元分类器，当输入样本来自从数据集中随机采样的真实样本时，期望鉴别器输出趋近于 1；当输入是由生成器生成的样本时，鉴别器本身的期望输出趋近于 0，但此刻生成器期望鉴别器输出趋近于 1，达到零和博弈的状态。

通过竞争的模式训练模型为生成式模型训练提供了新的技术和手段，GAN 模型在计算机视觉、图像生成、图像风格迁移和图像修复等领域中应用广泛。GAN 模型的设计比较简单，且适用于大部分网络结构。同时，GAN 模型为无监督学习提供了有力的框架支撑。但是，由于 GAN 模型的训练过程的自由度过大，导致训练的稳定性和收敛性偏差；另外，如果样本量过大，还容易导致过拟合现象。GAN 模型给生成模型提供了新的训练思路，为了解决 GAN 模型的瓶颈也衍生出了很多变体。

2.3.2　CGAN 模型

我们期望从 GAN 模型中学习到一个有意义的隐向量，从而使得隐向量中的每个特定值和特定的生成样本一一映射。模式崩溃问题是 GAN 模型中的一个常见问题，指的是生成器无法学习到一个我们所期望的隐向量，与之相反的是，它学习的是将几个不同的值映射到同一个生成样本。

因为 GAN 模型从先验分布 $p_z(z)$ 中提取噪音 z，并将其输入到生成器中，然后生成器从噪音 z 中输出一个样本，因而遇到模式崩溃问题时，无法控制其基于特定类进行生成。Conditional GAN（CGAN）模型是 GAN 模型的条件版本，可以根据附加信息有条件地生成样本。也就是说，CGAN 模型的生成器获取额外的附加信息 c 和隐向量 z，从而生成 $G(z|c)$。CGAN 模型的鉴别器获取附加信息和实际数据。

2.3.3　基于模型架构的衍生

GAN 模型作为一个通用框架，可以通过修改生成器和鉴别器的模型架构产生许多变体。

（1）Deep Convolution GAN（DCGAN）模型：对于生成器和鉴别器，只使用完全由卷积-反卷积层组成的深度网络，即全卷积网络。

（2）Self-Attention GAN（SAGAN）模型：以 DCGAN 模型为开始，将残差连接的标准自注意力模块添加到生成器和鉴别器中。

（3）Variational AutoEncoder GAN（VAEGAN）模型：对生成器使用 VAE。

（4）Transformer GAN（TransGAN）模型：对生成器和鉴别器使用纯 Transformer 模型架构，完全没有卷积-反卷积层。

（5）Flow-GAN 模型：对生成器使用基于流的生成模型，从而可以有效地计算似然函数。

2.3.4　基于损失函数的衍生

GAN 模型的一些其他变体是通过改变生成器和鉴别器的损失函数获得的，包括 Hinge Loss GAN、Least Squares GAN（LSGAN）、Wasserstein GAN（WGAN）等模型。

WGAN 模型提出了一种通过 Wasserstein 距离导出的替代损失函数。在标准 GAN 模型的损失函数中，鉴别器作为二进制分类函数，而 WGAN 模型中的鉴别器则用于拟合 Wasserstein 距离。它的目的之一是解决模式崩溃问题。模式崩溃问题是 GAN 模型中的一个常见问题，WGAN 梯度惩罚（WGAN-GP）通过在鉴别器上引入梯度惩罚（GP）项来实现 1-Lipschitz 条件，进一步扩展了 WGAN 模型的思想，WGAN-GP 不仅提高了 GAN 模型训练的稳定性，产生了高质量的样本，而且具有较快的收敛能力。

除了 WGAN 模型,解决模式崩溃问题的模型还有 Minibatch GAN、Unrolled GAN、Bourgain GAN(BourGAN)、Mixture GAN(MGAN)和 Dual Discriminator GAN(D2GAN)等。

2.3.5 图像生成领域的衍生

(1)InfoGAN 模型:一个基于 CGAN 的模型,使图像生成过程更加可控,并且可以通过相互信息的诱导来更好地解释结果。

(2)Progresscive GAN(PGGAN)模型:一种基于多尺度的 GAN 模型,能够在高分辨率下稳定地学习网络,减少训练时间,并解决 GAN 模型不稳定性训练问题。尽管 PGGAN 模型的性能很好,但仍然不能解决模式崩溃问题,即 PGGAN 模型的生成器由于两个网络的不平衡训练而生成类似的样本。

(3)StyleGAN1 模型:提高了 GAN 模型对生成的图像进行合理控制的能力,但也有一些特征伪影,这是由于实例层标准化和渐进生长现象导致的相位伪影。

(4)StyleGAN2 模型:改进了 StyleGAN1 模型,通过使用样式潜在向量来转换卷积层的权重,从而解决了特征伪影。

(5)StyleGAN3 模型:通过解决"纹理粘连"问题改进了 StyleGAN2 模型。

2.4 Transformer 模型架构

Transformer 是 Vaswani 等人于 2017 年在论文 *Attention Is All You Need* 中提

出的一种新颖的基于自我注意力机制的深度学习模型，由编码器和解码器组成，主要用于序列建模和序列间预测两种常见任务。注意力机制与大脑处理信息的方式类似。当人类大脑载入大量信息时，大脑会把注意力放在主要或重要的信息上，忽略不重要的信息。传统的深度学习模型 RNN 和 LSTM 等虽然有一定的记忆功能，但是模型的记忆能力并不强，而且如果要记住很多信息，模型架构就需要非常复杂，对算力的要求也非常高。注意力机制通过把注意力放到主要或重要的信息上，忽略大量不重要的信息，不但解决了长期依赖问题，同时还实现了模型的并行能力，且通过一步矩阵计算就可以获得较大范围的信息。

Transformer 模型是基于自我注意力机制实现的。自我注意力机制（Self-Attention）在这里可以被理解为输入语句中的每个单词都与同一个输入语句中的所有内容进行注意力计算。自我注意力机制也是为了让模型从大量的信息中筛选出少量重要的信息，并聚焦到处理重要的信息上。

Transformer 模型中的编码器和解码器一般都是基于多个不同的自我注意力机制实现的，也就是所谓的多头注意力机制（Multi-Head Attention）。多头注意力机制比单注意力机制具有更好的效果。多头注意力机制是指多个不同注意力机制的集成，训练时将输入与每个注意力机制进行计算，这样就会得到多组注意力结果，将这些结果进行拼接可以得到最终的多头注意力结果。例如，训练一个由 6 个注意力机制集成的 Transformer 模型，将输入数据分别输入到 6 个不同的注意力机制中，得到 6 个不同的特征矩阵，然后将 6 个特征矩阵拼接成一个大的特征矩阵，最后经过全连接层得到最终的结果。

Transformer 模型在 AI 领域取得了巨大的成功，尤其在 NLP 任务上。采用注意力机制的模型编码器将所有隐藏状态（编码后得到的特征空间）传递给解码器，这种传递方式可以提供更丰富的信息给解码器。另外，模型会根据隐藏状态的重要性对其进行打分，从而专注于与输出结果相关性高的信息上，提高模型效果。

2.5 基于 Transformer 模型架构的 LLM

鉴于 Transformer 模型架构的优势，基于 Transformer 模型架构的 LLM 被陆续提出，如 BERT、GPT、ChatGPT 等。这些模型在 NLP 和内容生成等领域都取得了突出的效果。基于 Transformer 模型架构的 LLM 可以分为基于编码器的 LLM、基于解码器的 LLM 及基于编码器和解码器的 LLM，接下来将会对这些 LLM 进行一一介绍。

2.5.1 基于编码器的 LLM

一个基于编码器的 LLM 主要是指根据 Transformer 编码器结构形成的多层网络架构，通常用于自然语言理解（Natural Language Understanding，NLU）任务。BERT 模型可以被认为是基于编码器的 LLM 代表，为处理 NLP 任务带来了新的契机。

1. BERT 模型

预训练语言模型（Pre-trained Language Model，PLM）是指预先在大规模数据集上进行训练，然后针对下游任务进行迁移的语言模型。早期的 PLM 大部分都基于浅层神经网络结构，利用词嵌入（从窗口大小的上下文中学习）的形式获取语义向量。随着深度学习的发展，研究人员试图利用深度神经网络获取动态语义嵌入来提高任务的性能，但受限于有监督的学习方式，通常需要海量的标注数据，否则很难发挥深度学习的潜力。BERT 模型引入掩码标记，从大规模无标注数据中学习大量知识，开辟了 PLM 的新纪元，PLM 从此进入快速发展阶段。

BERT 模型还引入了双向编码的概念。双向编码是指在训练模型处理任务时，不仅考虑某个词左边的信息，还考虑其右边的信息。与单向编码器相比，双向编码器结构能够看到完整序列上下文的信息，具有更强的学习能力。如图 2-3 所示，当第一层注意力机制学习时，编码器 Enc_{12} 不但要学习特征 1 的信息，还要同时学习特征 2 和特征 3 的信息。这种结构本质上比单向模型或串联的两个单向模型更强大。

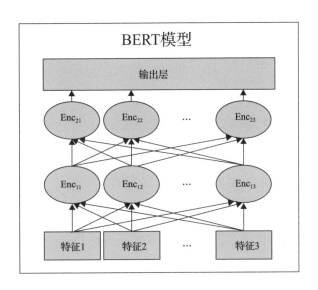

图 2-3

从模型架构上来说，BERT 模型由多层编码器堆叠而成，每一层编码器都包含一层多头自注意力模块和一个前向全连接层。官方提供的预训练 BERT 模型有两个版本。基础模型 BERTBASE 由 12 层组成，有 768 个隐藏单元、12 个头，总参数量为 110 000 000 个。大模型 BERTLARGE 由 24 层组成，有 1024

个隐藏单元、16 个头，总参数量为 340 000 000 个。

BERT 模型的训练通常包括两个阶段，即预训练和针对下游任务的微调（Fine Tuning，FT）。预训练阶段包括掩码语言建模（Masked LM，MLM）和下一个句子预测（Next Sentence Prediction，NSP）两个任务。掩码语言建模是指随机遮蔽一些输入标记进行预测训练，下一个句子预测是指预测两个输入句子是否相邻。在 BERT 模型中，除了输出层之外，预训练和微调都使用相同的架构，在微调期间，根据不同的下游任务进行模型微调。训练时会使用不同的分隔符区分不同示例和同一个示例中的不同的句子片段（例如分隔问题/答案）。

直观地说，深度双向模型应该比单向模型（从左到右模型或者从右到左模型）更强大，但是标准的语言模型只能支持单向训练，因为双向模型会导致单词间接串联。为了解决在 Transformer 模型中应用双向性时带来的问题，J. Devlin 提出了在进行语言建模任务中使用随机掩码的方式，即给定一段训练文本，随机删除文本中的部分文字，Transformer 模型经过训练可以预测被屏蔽的单词，同时能够查看整个序列。BERT 模型使用大量的非结构化文本作为预训练的语料库，非结构化文本包含丰富的上下文语义信息，在训练数据生成时，为了让模型关注每个词，在掩码分配上也会使用一些技巧，如有80%概率使用掩码标签替换文字，有 10%概率使用另一个随机文字进行替换，有 10%概率保持原样。

在 NLP 中，许多下游任务都是基于两个句子间的关系特征进行处理的，如问答（Question Answering，QA）和自然语言推理（Natural Language Inference，NLI），但是语言建模无法直接捕捉句子间的关系信息。为了训练一个可以理解句子关系的模型，BERT 模型在预训练阶段还引入了 NSP 任务，该任务可以从任何语料库中轻松生成。实验证明，针对 NSP 任务的预训练模型对 QA 和 NLI

都非常有益。

Transformer 模型的自我注意力机制允许 BERT 模型处理多个下游任务。对于每个任务，只需要根据任务适当调节模型的输出结构，并将特定于任务的输入和输出给 BERT 模型，使用这些数据对模型的整体参数进行微调。也就是说，在预训练阶段，所有的数据对（如释义的句子对、问答中的问答对、文本和文本分类对等）都是为了训练一个很好的初始模型。而在下游任务端，针对具体任务用少量数据对模型进行调试，将令牌表示信息送入具体的输出层，从而以更小的成本和更高效的方式获得更准确的预测结果。

BERT 模型的出现在 2018 年给 NLP 带来了新的突破，在多项 NLP 任务中都取得了优异的表现，这也得益于 Transformer 模型的引入。与时序系列模型（RNN、LSTM 等）相比，Transformer 模型可以捕捉更长距离的依赖信息。鉴于 BERT 模型当时的惊人效果，基于其衍生的很多模型变体也接踵而至，包括 ERNIE、XLNet、RoBERTa、ALBERT、ELECTRA 等模型。

2. ERNIE 模型

ERNIE 为通过知识集成的加强表示（Enhanced Representation through Knowledge Integration），由百度于 2019 年提出。ERNIE 1.0 的主要模型框架基于 BERT 模型架构，在其基础上将实体级和短语级的掩码策略添加到 BERT 模型中，以达到增加预训练难度的目的。同时，以百度贴吧数据为基础，增加了对话语言模型任务，帮助 ERNIE 模型学习对话中的隐式关系，从而增强模型学习语义表示的能力。此外，依托于百度新闻、百度百科等丰富文本数据资源，ERNIE 1.0 模型能够使用比 BERT 模型更多样的训练数据。在 ERNIE 1.0 模型的基础上，百度将持续学习（Continual Learning）应用于预训练中，提出 ERNIE 2.0 模型。所谓持续学习，即在一个模型中顺序训练多个不同的任务，依次添加新任务，将新任务和旧任务组合成多任务，通过利用历史任务学习到的参数初始化新任务，不断积累新的知识。在训练过程中，百度团队还提出了构建词法级别、语法级别、语义级别三种类型的任务，从而获取训练数据中的词法、语法和语义信息。为了进一步提高模型效果，百度团队又提出了 ERNIE 3.0 模型。ERNIE 3.0 模型是 ERNIE 2.0 模型的增强版本，通过增加模型的参数量和扩充语料库的丰富程度，提高了模型处理各种 NLP 任务时的性能。另外，在模型架构上，与 ERNIE 2.0 模型采用 BERT 模型作为主干网络相比，ERNIE 3.0 模型采用 Transformer-XL 作为通用表示模块，Transformer-XL 是 Transformer 模型架构的变体，扩展了 Transformer 模型的上下文窗口大小，并允许模型可以处理比标准 Transformer 序列长得多的序列。Transformer-XL 还使用了一种称为递归机制的创新技术来处理输入序列中的长依赖关系。另外，ERNIE 3.0 模型还增加了特定任务的表示模块，可以更好地捕捉单词和句子之间的关系。这些改进使 ERNIE 3.0 模型成为强大的 NLP 应用程序，比其前身 ERNIE 2.0 模型具有更好的性能和更通用的功能。

3. XLNet 模型

XLNet 模型由 Zhilin Yang 等人于 2019 年 6 月提出。XLNet 模型是一种基于排列的模型，这允许 XLNet 模型捕获输入序列中所有标记之间的依赖关系。XLNet 模型对输入序列中的所有标记之间的依赖关系进行建模，而不管它们的顺序如何，从而提高了各种 NLP 任务的性能，而 BERT 模型只对被掩码的文字和它们之间的依赖关系进行建模。此外，XLNet 模型也使用了 Transformer-XL 的架构，使用相对位置编码代替了绝对位置编码，所以 XLNet 模型解决了 BERT 模型的输出长度限制问题，能接受的输出长度不受限制。

4. RoBERTa 模型

RoBERTa 为一种鲁棒优化的 BERT 预训练（A Robustly Optimized BERT Pretraining Approach）模型，是由 Yinhan Liu 等人于 2019 年 7 月提出的，也采用 BERT 模型的架构，通过增加预训练中的语料数量和训练文本语料库的丰富度，延长预训练时间或增加预训练步数，使其能够学习更复杂的语言模式。另外，在训练上，RoBERTa 模型扩展了 BERT 模型的掩码方式。BERT 模型在训练中采用静态掩码，即在数据预处理阶段，提前固定掩码位置。这使得在多次训练同一文本时，掩码位置和方式完全一致。RoBERTa 模型将掩码方式更新为动态掩码，即在训练过程中实时掩码，保证多次训练中同一文本的掩码位置和方式完全随机。与静态掩码相比，动态掩码增加了掩码的可能性，从而起到了提高模型效果的作用。与此同时，RoBERTa 模型移除了预训练中的 NSP 任务，只保留了 MLM 任务。

5. ALBERT 模型

ALBERT 模型是谷歌在 2019 年 9 月发布的论文 *ALBERT: A Lite BERT for Self-supervised Learning of Language Representations* 中提出的，被称为轻量版的 BERT 模型。基于深度学习模型的 PLM 虽然可以通过增加模型层数和模型参数量的方式来提高模型性能，但是受限于运行资源，模型大小的增加是有限的。ALBERT 模型正是为了应对扩展预训练模型中的限制而产生的。ALBERT 模型采用了以下两种方式来减少参数量。

一是参数因式分解。在 BERT 模型中，主要受到模型词表大小和模型隐藏层大小的影响，词汇嵌入矩阵的参数量巨大，BERT 模型的输入词汇嵌入矩阵的参数量为 $3000 \times 768 = 2\,304\,000$。参数因式分解是指将词汇嵌入作参数分解，以减少参数矩阵。

二是跨层参数共享。通过引入参数共享，模型可以在所有层中重复使用同一组参数，进一步减少了模型中的参数量。由于 BERT 模型包含了 12 层编码器，所以参数共享可以分为共享所有层的参数、只共享注意力模块相关参数、只共享全链接相关参数三种模式。

通过参数因式分解和跨层参数共享，在保证模型性能的基础上大大地减少了 BERT 模型的参数量，从而提高了训练效率。另外，减少参数在提高模型训练速度的同时也增加了模型的泛化能力。为了进一步提高 ALBERT 模型的性能，ALBERT 模型删除了 BERT 模型预训练中不太有效的 NSP 任务，改为句序预测的任务。句序预测是指让模型预测两个相邻句子有没有被调换前后顺序，此修改侧重于对句子间的一致性进行建模，有助于解决 NSP 任务中将话题预测和连贯性预测混合的问题，从而实现了更高效和更有效的预训练。这些修改使 ALBERT 模型比 BERT 模型更轻、更快、训练效率更高，同时保持甚至提高了其在各种 NLP 任务中的性能。

6. ELECTRA 模型

ELECTRA 为一个高效学习准确分类令牌替换的编码器（Efficiently Learning an Encoder that Classifies Token Replacements Accurately）。ELECTRA 模型是 Kevin Clark 等人于 2020 年 3 月提出的。与 BERT 模型架构相比，ELECTRA 模型引入了类似于 GAN 模型的生成器与鉴别器的训练方式。生成器试图生成与真实令牌无法区分的假令牌，鉴别器试图将真实令牌与假令牌区分开，从而实现无监督预训练的目标。与在大量监督数据上进行预训练的 BERT 模型不同，ELECTRA 模型在大量的文本语料库上以无监督方式进行预训练。这使得它更加灵活，适应范围更广。同时，通过生成器和鉴别器的参数共享，模型尺寸更小。ELECTRA 模型使用比 BERT 模型更小的模型，使其速度更快，计算效率更高。另外，ELECTRA 模型可以利用比 BERT 模型更少的标签数据进行微调，使其更适合标注数据有限的任务。这些修改使 ELECTRA 模型可以更高效地用于 NLP 任务中，尤其是那些注释数据有限的任务中。

2.5.2　基于解码器的 LLM

基于解码器的 LLM 主要是指基于 Transformer 模型的解码器得到的 LLM。此类模型中采用的 Transformer 模型的解码器层仅由屏蔽的多头接入和前馈网络层组成，去除了执行编码器-解码器交叉关注的多头关注模块。基于解码器的 LLM 包括 GPT-1、GPT-2、GPT-3 及 ChatGPT 等模型，主要用于自然语言生成（Natural Language Generation，NLG）任务。

1.　GPT 系列模型

GPT 的全称是 Generative Pre-Training，也被称为 GPT-1，是 OpenAI 于 2018 年开发的 LLM。与 BERT 模型类似，GPT 模型的训练也包含两个阶段。第一个阶段是预训练过程，一般是利用大量的未标注的语料进行训练，所以一般是无监督学习；第二个阶段是微调过程，微调是基于已经预训练好的模型，针对具体的 NLP 任务进行有监督学习，这种方式被称为半监督学习。GPT 是第一个在大型语料库上预训练的已发布模型，OpenAI 的 GPT 模型开发人员测试了预训练和微调相结合的过程，并证明它可以大大地提高模型性能，且 GPT 模型能够在没有足够数据的情况下适应多个 NLP 任务。

GPT 模型的主要结构由 Transformer 模型中的 12 层解码器堆叠而成，且仅包含其中带掩码的自注意力模块和前馈模块（这层的每一个节点都接收前一层所有节点的信息进行计算）。通过采用掩码的方式，GPT 模型具有更好的泛化能力。GPT 模型的预训练过程主要是使用当前的句子序列预测下一个单词，所以才有掩码注意力机制对单词的下文进行掩盖，防止信息泄露。举个简单的例子说明，给定句子"我是中国人"，GPT 模型需要利用"我"预测"是"，然后利用"我是"预测"中"，在利用"我"预测"是"的时候，需要将"是中国人"掩盖起来。依次类推，直至完成整个预测过程。

在模型完成预训练后，就需要根据具体的任务进行有监督学习，也就是所谓的微调。在此阶段，需要将下游任务的网络结构改造成与 GPT 模型的网络结构一样，利用第一步预训练好的参数初始化 GPT 模型，然后使用下游任务训练对网络参数进行微调，使这个网络更适合解决有针对性的任务。在对不同的任务进行微调时，需要根据任务类型进行输入转换。基于 GPT 模型的 NLP 任务可以分为 4 类：第一类任务是分类。对于分类任务，输入数据和模型都不需要修改，可以直接将文本数据输入给模型做分类。第二类任务是文本蕴涵，主要是用来判断两个文本片段的指向关系，当一段文本被判断为真时，可以推断出另一个假设片段的真实性。在训练此类任务时，首先训练输入需要做一些修改，通过分隔符将文本和假设进行区分与拼接，如在片段前后加上开始符和结束符。然后，模型层需要接一个线性变换和分类层进行模型训练。第三类任务是文本相似度判断，在此任务中不需要考虑文本的顺序关系，所以一般的处理方式是将文本进行不同顺序的拼接并输入给模型。同时，在拼接时会使用开始符、分隔符及结束符对句子进行区分，然后送入线性层和分类层进行训练。第四类任务是多轮问答，多轮问答是一个预测任务，主要是将背景信息、问题及答案进行拼接，然后送入模型进行训练。

GPT 模型通过使用强大的 Transformer 结构进行特征抽取，可以捕捉更长的记忆信息。另外，GPT 模型通过预训练的方式先训练一个通用 LLM，然后针对子任务进行微调，减少了针对每一个任务从零开始训练的麻烦，大大地降低了对标注数据的需求，提高了训练效率。在 GPT 模型取得不错的成就后，OpenAI 的研究人员继续使用解码器架构来开发更强大的模型。2019 年，他们发布了 GPT-2 模型。它是一个多任务学习模型，且针对 GPT 模型做了一些改进。GPT-2 模型不需要针对每个子任务都进行微调，而是让模型自己识别具体的任务。之所以能够实现这个功能，主要是因为在训练的时候就采用了多任务的形式，通过提供多任务的数据进行训练，提高模型的泛化能力。为了实现这一目标，GPT-2 模型采用了一个 48 层的网络结构，使用了 800 万个网页的语料（40GB）进行训练，模型的参数达到了 15 亿个量级。实验证明，随着模型的增大和语料的增加，模型的效果会不断提高。因此，一年后，也就是 2020 年，GPT-3 模型诞生了，GPT-3 模型与 GPT-2 模型的结构是相同的，可以被认为是 GPT-2 模型的放大版本，包含了 96 层网络结构、1750 亿个参数及 45TB 的训练数据（570GB 的有效数据）。研究人员通过在不同的任务上对比 GPT-2 模型和 GPT-3 模型的效果发现，在大部分的 NLP 任务中，GPT-3 模型的效果明显优于 GPT-2 模型的效果，尤其在小样本（few-shot）和零样本（zero-shot）的学习上，效果明显提高。但是，GPT-3 模型的训练需要花费大量的时间和计算资源，大概需要 355 个 GPU 年的时间和至少 460 万美元的费用，高昂的费用使得大部分企业望而却步，并且由于 GPT-3 模型太大，导致短期内比较难支持在线使用。

2. ChatGPT 模型

聊天生成预训练 Transformer（Chat Generative Pre-trained Transformer，ChatGPT）模型由 OpenAI 于 2022 年提出。ChatGPT 模型是一个经过微调的 InstructGPT 模型。InstructGPT 模型的提出是为了解决 GPT-3 模型中有害、不真实和有偏差输出的问题。GPT-3 模型是用大量的网络数据进行训练的。这些数据中难免会包含一些有害的或者不正当的数据（如种族歧视和性别歧视等）。为了降低这些数据的出现频率，OpenAI 在 GPT-3 模型的基础上，根据人类的反馈对模型进行微调。通过人类调节模型的输出结果并按照人类的理解排序，从而提高模型性能的方法叫来自人类反馈的强化学习（Reinforcement Learning from Human Feedback，RLHF）策略。ChatGPT 模型是在 InstructGPT 模型的基础上增加交流（Chat）属性衍生的模型，且开放了公众测试。InstructGPT/ChatGPT 模型基于 GPT 系列模型的优化扩展，能够以对话的方式与用户进行交互。与传统的交互模型相比，ChatGPT 模型能够有效地进行上下文理解，与用户进行连续对话，可以极大地提高人机交互模式下的用户体验。另外，ChatGPT 模型增加了新的对话数据集，该模型的训练数据包含大量的现成文本和对话集合，提高了其在对话领域中的效果。

ChatGPT 模型的训练可以分为三个阶段。第一个阶段是根据采集的数据集进行有监督的微调（Supervised Fine Tune，SFT）训练。SFT 数据集主要由两部分组成，一部分是从 OpenAI 的用户中采集的，另一部分是标注数据，由 OpenAI 雇用并培训的 40 名数据标注人员完成。通过引入人工标注，模型拥有初步理解复杂指令的能力，从而可以获取高质量的答案。其主要的标注步骤如下：在第一个阶段，从训练数据集中随机抽取一些由提示–答复对组成的样本，然后数据标注人员根据这些样本编写新的提示，利用标注完成的数据集对模型进行有监督的微调。第二个阶段是基于人类的反馈训练一个奖励模型，利用第一个阶段微调后的模型，获取随机抽取的一个问题的多个答案，让数据标注人员对模型对同一个问题给出的不同答案进行排序，通常对涉及偏见等人类不喜欢的内容排序靠后。通过设置奖励目标这样的训练策略，让模型不去生成人类不喜欢的内容，使得生成的内容更全面、更接近于人类需要的内容。第三个阶段就是利用近端策略优化（Proximal Policy Optimization，PPO）的强化学习方法使用奖励模型继续微调模型。PPO 是 OpenAI 于 2017 年开发的强化学习算法，其实现步骤为先从训练数据中随机抽样一个新的问题，然后利用第一个阶段微调后的有监督模型初始化 PPO 模型，并输出结果，之后利用第二个阶段训练的奖励模型对输出结果进行打分，最后把奖励模型的输出作为奖励分数，依次传递产生策略梯度进行 PPO 模型参数的更新。

ChatGPT 模型利用人工标注将强化学习与预训练模型相融合，使得模型可以更好地理解和组织符合人类习惯的话语。与 GPT-3 模型相比，ChatGPT 模型具有更好的泛化能力和生成能力，而且由于在训练数据中加入了大量的代码，所以 ChatGPT 模型具有很强的编程（Coding）能力。同时，ChatGPT 模型的惊艳效果给基于预训练的 LLM 与基于少数优质数据的强化学习反馈策略的结合带来了新的机遇。

2.5.3　基于编码器和解码器的 LLM

基于编码器和解码器的 LLM 更适用于序列–序列间建模任务，例如翻译、文本摘要等。T5 和 BART 是两个典型的基于编码器和解码器的 LLM。T5（Text-to-Text Transfer Transformer）是一个将所有基于文本的语言问题转换为文本到文本格式的 Transformer 模型。T5 模型的输入和输出始终是文本字符串，这与只能输出类标签或输入跨度的 BERT 模型形成对比。T5 模型的文本到文本框架允许在任何 NLP 任务中使用相同的模型、损失函数和超参数，如机器翻译、文档摘要、问答和分类任务等。T5 模型还可以用来预测数字的字符串表示而不是数字本身，从而可以应用于回归任务。这种方法很实用，因为它允许知识从高资源任务转移到低资源任务而不改变模型架构。

基于双向自回归 Transformer（Bidirectional and Auto-Regressive Transformer，BART）模型是一种用于 NLP 任务（例如文本生成和机器翻译）的深度学习模型。BART 模型使用去噪自编码器目标进行训练，这涉及破坏输入序列并利用损坏的版本重建原始序列。此训练目标允许 BART 模型捕获输入序列中的潜在模式，并使用它们生成有意义的输出。BART 模型已被证明可以在各种 NLP 任务中取得最好的结果，包括文本生成、机器翻译和摘要。

2.5.4　BERT 模型与 GPT 模型对比

BERT 和 GPT 都是以 Transformer 模型架构为基础的 LLM。在预训练阶段，BERT 模型和 GPT 模型均基于大规模无标签文本数据进行无监督学习，在应用于下游任务时基于预训练模型进行有监督的参数微调优化。但是这两个模型也存在一些差异。首先，在网络结构上，BERT 模型是 Transformer 编码器结构的，其采用多头自注意力机制，通过双向建模方法对掩码 Token（文本字符串序列中的元素，或者叫词语）进行预测，一次性完成所有掩码部分的文本预测，其优势在于可以双向学习单词的上下文信息，从而具有更强的语言建模能力。GPT 模型是 Transformer 解码器结构的，其采用掩码多头自注意力机制（Masked Multi-Head Self-Attention），自左而右逐个对单个 Token 进行预测，故其只具有单向语言模型建模能力。在模型训练上，BERT 模型采用掩码语言模型（Masked Language Model）和 NSP 任务进行联合优化，而 GPT 模型采用预测下一个 Token 的常规语言模型的建模方式进行优化。在可微调能力方面，对于不同的任务，BERT 模型需要依赖大量数据进行模型参数更新以适配下游任务，而 GPT 模型基于大数据特性不需要对模型进行微调，可以进行 zero-shot learning（不需要任何范例，只需要输入说明）/few-short-learning（输入数条范例和一则任务说明），在零样本量或者少量样本量的条件下，基于提示语在不更新模型参数的前提下，完成下游任务。在适用任务上，NLP 任务中的上下文描述能力是模型性能的关键，BERT 模型采用双向结构，具有更优的上下文建模能力，对 Token 序列关系和语法结构具有更强的描述能力，因此在自然语言理解任务（如分类、句子关系判断、情感识别等）中具有更好的模型性能，而 GPT 模型由于采用单向结构，天然符合语言模型特性，更适合自然语言生成任务，如文本摘要、续写、聊天机器人和机器翻译等，但是需要更大的模型参数量才能显示出结构的优势。

2.6 扩散模型

在机器学习中，扩散模型（Diffusion Model）是一类潜变量模型。扩散模型的目标是通过对数据在潜在表示空间中的扩散方式进行建模，学习数据的潜结构。扩散模型的实施过程是向目标数据中逐步添加随机噪音，然后通过逆扩散过程从噪音数据中构建目标数据样本。最早的扩散模型是用来帮助清除图片噪音的。随着 AI 技术的发展，扩散模型逐渐发展到可以从噪音中生成逼真图片的程度，并开始被人们推广应用。

"扩散"过程来自物理现象，是描述分子不断运动间隙变大的过程，如将一滴蓝色墨汁滴入水中，墨汁会逐渐散开，最终分布在水分子之间。我们都知道，这个扩散过程在一般情况下是不可逆转的，我们无法轻易地将墨汁和水进行分离。那么，这个过程在 AI 领域中是否可实现呢？类比于图片，扩散模型的训练主要包括前向加噪和逆向去噪两个过程。墨汁在水中散开可以被认为是图片的加噪过程，逆向过程就是图片的去噪过程。

2.6.1　扩散模型原理

最早的扩散模型是由 Jascha Sohl-Dickstein 和 Eric A.Weiss 等人在 2015 年提出的。机器学习中的一个核心问题就是使用概率分布对复杂数据集进行建模，且建模过程中的学习、采样、推断，以及评估仍是可分析或者可计算的。受非平衡统计物理学的影响，Jascha 和 Eric 等人提出了一种先破坏数据结构，然后恢复数据结构的方案，得到了一个高度灵活且易于处理的生成模型。这项研究被认为是扩散模型的鼻祖，为后期扩散模型的研究奠定了基础。

扩散模型是一种概率模型，整个过程包括扩散过程和生成过程。扩散过程（加噪过程）是将目标分布通过加噪形成杂乱无章的噪音数据的过程，而生成过程（去噪过程）是将噪音数据通过逆扩散过程生成目标分布的过程。

扩散模型的原理如图 2-4 所示。扩散过程是给初始数据 x_0 一步一步加噪 $q(x_t|x_{t-1})$，得到每一步加噪后的数据 x_1，x_2，$\cdots$，x_T。然后，x_T 通过去噪 $p(x_{t-1}|x_t)$ 得到每一步的去噪结果 x_{T-1}，$\cdots$，x_1，x_0。因此，训练目标可以表示为最小化预测数据和真实数据之间的差距。

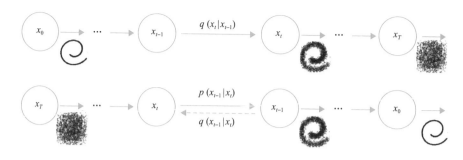

图 2-4

扩散模型的训练目标与 VAE 的训练目标有相近之处，扩散模型在训练时也从目标分布中进行加噪，生成一个加噪后的分布，然后在预测的时候，从噪音数据中逐步去噪得到一个最终的目标分布。若把扩散模型中间的变量看作隐变量，即潜在特征表示，那么在以上的模型中包含了 T 个隐变量模型。在这种情况下，扩散模型又可以被看成一个特殊的多层 VAE 模型。真正将扩散模型带入人们视野的是 2020 年 Jonathan Ho 等人发布的去噪扩散概率模型（Denoising Diffusion Probabilistic Model，DDPM）。DDPM 对之前的扩散模型进行了简化，并通过变分推断（Variational Inference）进行建模。与 VAE 这样的模型相比，扩散模型的隐变量和目标数据是同维度的，且扩散过程一般是固定的。因此，扩散模型可以采用 AE 的结构进行模型训练和预测。DDPM 就是采用了 U-Net 的模型架构，在 U-Net 的模型架构中，编码器的每一个阶段一般都是下采样模型，这么做的目的是降低特征空间的维度，减少计算难度。与编码器相反，解码器的每一步都是升采样操作，以恢复目标图像。DDPM 在 U-Net 的每个阶段都包含了残差模块，同时部分阶段使用了自我注意力模块以增加网络的全局建模能力，提高模型的预测质量。与 VAE 和 GAN 模型相比，扩散模型的理论知识更为复杂一些，但是其优化目标和实现方式却又比较简单，易于推广和发展。

扩散模型在生成领域（尤其是图片生成）中的表现达到了令人难以置信的程度。截至 2023 年 2 月，扩散模型是最先进的文本生成图片模型，接下来介绍一下热度最高的两个扩散模型 DALL·E 2 和 Stable Diffusion。

2.6.2　DALL·E 2 模型

DALL·E 2 模型由 OpenAI 于 2022 年提出，是 DALL·E 系列模型的一种，能够用文本提示词生成多样化的高质量图片。该模型的训练数据包含了各种各样的图片，使其能够生成各种风格的图片。DALL·E 2 被认为是第一个较为成熟的文本生成图片模型。除了生成图片，DALL·E 2 模型还可以根据文本信息修改图片的光线、纹理等内容。DALL·E 2 模型主要包括 CLIP（Contrastive Language-Image Pre-training，对比语言–图片预训练）模型、先验模块 Prior 及图片解码器。CLIP 模型是 Alec Radford 等人于 2021 年提出的，主要用于匹配文本和图片的预训练网络结构。Prior 可以让文本编码转换为图片编码。图片编码器用来将图片编码生成最终的图片。

DALL·E 2 模型的训练主要包括三个阶段。第一个阶段是训练 CLIP 模型，得到一个比较好的文本编码器和图片编码器。第二个阶段是训练 Prior 模块，其主要目标是将文本编码转换为图片编码。首先，将文本输入 x 经过文本编码器得到文本特征，然后经过 Prior 模块获得文本转化后的图片特征。利用 CLIP 模型的图片编码部分，将输入的图片编码为图片特征 z。DALL·E 2 模型的训练目标是让 Prior 模块预测的图片特征逼近 CLIP 模型转化后的 z，从而实现从文本输入 x 中获取文本对应的特征。第三个阶段是训练图片解码器，其目标是根据图片特征生成逼真的图片。

为了保证生成图片的多样性，DALL·E 2 模型让生成的图片只具备原有图片的主要特征，而不是完全复原原始图片。完成模型训练之后，就可以进行模型的推理。在此阶段，只使用 DALL·E 2 模型的核心部分，丢掉 CLIP 模块，用训练好的 Prior 模型和图片解码器进行文本到图片的生成。

DALL·E 2 模型将文本生成图片带入了一个较为成熟的阶段。在 DALL·E 2 模型中，基于大规模匹配的自然语言和图像处理技术起到了核心作用；同时，数据的数量之大，以及数据的嘈杂和未处理性质也对模型的鲁棒性提出了更高的要求。DALL·E 2 模型存在一定的不足，首先 DALL·E 2 模型容易混淆物体和属性，比如难以分辨红色和蓝色。其次，DALL·E 2 模型在高度复杂场景的生成上，对细节的处理会有一定的不足。如果想要生成更高质量的模型，就要用更大的计算量训练更大的模型才能实现。

2.6.3 Stable Diffusion 模型

在计算机领域中，如果要直接处理一张 1024px × 1024px 分辨率的图片，就需要计算 $1024 \times 1024 \times 3$ 维度的数据。在进行 LLM 训练时，需要至少上亿张图片，这就对计算机算力和存储提出了很高的要求。研究人员发现，将图片映射到低维的潜在表示空间中进行扩散和逆扩散学习，可以大大地降低对算力和显卡性能的要求，使得图片生成使用消费级 GPU 就能实现。

Stable Diffusion 模型由 CompVis 和 Runway 团队在 2021 年 12 月提出。Stable Diffusion 是一种潜在的文本到图片的扩散模型，能够在给定的任何文本描述下生成与文本相关的图片。为了减少计算资源的消耗，且保证生成图片的质量，Stable Diffusion 模型应用了预训练自编码器的潜在表示空间。

Stable Diffusion 模型的训练过程比较复杂，首先需要预训练一个自编码模型，包括一个编码器和一个解码器，然后在潜在表示空间中对编码器压缩后的图片做扩散操作，之后再用解码器还原原始像素空间，得到生成的图片，这个方法被称为感知压缩（Perceptual Compression）。

1. 图片感知压缩扩散模型

对于原始的扩散模型来说，如果需要生成高分辨率的图片，那么训练空间也需要是高维的，因此，计算复杂度也就比较高。感知压缩扩散模型可以通过自编码模型对图片进行降维处理，只保留图片的重要特征，以此来大幅度降低训练和采样阶段的计算复杂度，降低对 GPU 的要求。感知压缩扩散模型利用预训练的方式进行自编码模型的训练，目的是学习在感知上等同于图像空间的潜在表示空间，且训练好的模型可以应用在不同的扩散模型训练任务中。

图片感知压缩扩散模型的训练需要两个阶段，首先是训练一个 AE，然后进行扩散模型本身的训练。

2. 潜在扩散模型（Latent Diffusion Model，LDM）

目前，有的扩散模型训练需要上百 GPU 天（一个 GPU 训练花费上百天），这将需要大量的计算资源，且模型在推理阶段也需要较大的内存和较长的时间。训练数据在经过编码器和解码器组成的感知压缩扩散模型后，就可以得到一个低维的潜在表示空间。在低维空间中的训练可以提高计算效率。

普通的扩散模型的目标是根据输入预测一个去噪后的输出，而在潜在扩散模型中，输入数据首先会经过编码器得到一个潜在表示空间，使得模型的训练和学习都在潜在表示空间中进行，从而提高模型的训练和学习效率。

去噪模型为一个基于 Transformer 模型架构的 U-Net 模型架构，这使得学习集中在与结果最相关的特征上，提高了模型的性能，最后再经过解码器解码到图像空间。

3. 条件机制

在 LDM 中引入交叉注意力条件机制，使得扩散模型可以在各种条件下完成生成任务，如文本到图像任务、布局到图像任务，以及图像到图像任务等。这主要基于条件时序去噪模型自编码器，通过引入不同的条件来控制图片的合成过程。最终，这个控制条件可以通过交叉注意力机制融入 U-Net 的中间层，实现条件控制。

2021 年，OpenAI 在论文 *High Fidelity Image Generation Using Diffusion Models* 中明确了扩散模型是比 GAN 模型更加灵活的模型，且精确度更高，已经取代了 GAN 模型成为最先进的图像生成器。首先，扩散模型可以生成比 GAN 模型生成得更好的图片，但是由于扩散模型是一种自回归模型，需要反复迭代计算，训练和推理代价都很高。因此作者提出了基于潜在表示空间的扩散模型，在保证模型生成效果的同时，大大地降低了计算复杂度，提高了模型训练效率和采样效率。

2.7 其他模型

2022 年 6 月，谷歌推出了基于 Transformer 模型和扩散模型的 Imagen 模型。Imagen 模型主要应用于文本生成图片领域。与其他类似的模型不同，Imagen 模型只是对文本数据做了预训练工作，但是其在 COCO（Common Object in Context，用于衡量计算机算法的发展和性能）数据集上的效果要优于 DALL·E 2 模型。另外，在其他领域，生成技术也得到快速发展，如文本生成 3D 模型、文本生成音频、文本生成视频等。文本生成 3D 模型的主要技术有谷歌和加利福尼亚大学伯克利分校开发的 DreamFusion 和英伟达（NVIDIA）开发的 Magic3D。DreamFusion 模型通过结合二维扩散模型和神经辐射场（Neural Radiance Field，NeRF）模型从 2D 的图像集中创建 3D 模型，并对生成的 3D 模型进行渲染，实现 3D 效果。Magic3D 模型主要是为了解决 DreamFusion 模型的效率和质量问题而开发的，NVIDIA 使用由粗到细的方式降低了高分辨率图像特征表示的计算成本，且提高了 3D 生成效果。

文本生成音频和视频陆续进入大众视野。谷歌推出的 MusicLM 模型可以根据文本描述生成高保真的音乐。MusicLM 模型还引入了条件机制，可以支持文本和旋律一起输入给模型。萨里大学和帝国理工学院联合推出了 AudioLDM 模型。AudioLDM 模型不但可以支持文本生成音乐，还可以支持文本生成语音和音效。在视频生成方面，清华大学计算机系于 2022 年发表的论文 *CogVideo：Large-scale Pretraining for Text-to-Video Generation via Transformers* 中首次推出了文本生成视频的模型 CogVideo。CogVideo 模型首先通过文本生成几张图片，然后利用双向注意力机制对生成的图片进行插帧。CogVideo 模型使用了 540 万个文本视频对进行模型训练。Meta 公司在 2022 年 9 月推出了文本生成短视频模型 Make-A-Video。在训练时，Make-A-Video 模型使用文本图像对进行训练，弥补了文本视频对数据的缺失。虽然 Make-A-Video 模型已经以不错的质量实现了视频生成，但是在视频关联度和长视频生成等方面依然需要优化。

2.8 LLM 的前景光明

随着深度学习技术发展，深度学习生成技术也得到了快速发展，如图像、文本、音视频等。目前，深度学习生成技术已经被广泛地应用于各个领域，包括游戏、内容营销、影视制作等。与 3D 模型和音视频生成相比，文本和图像生成技术较为成熟，尤其随着 ChatGPT 模型和 Stable Diffusion 模型的诞生，深度学习生成技术受到了更多关注。随着算力和存储能力的提高，生成模型也由原来的 CNN、LSTM 和 VAE 等模型衍生到了 LLM（GPT、Stable Diffusion 等）。LLM 在内容生成上有更大的优势。LLM 可以处理更长、更复杂的文本，使得模型具有更好的上下文理解和逻辑推理能力，因此可以更准确地理解自然语言。另外，LLM 具有更好的迁移能力，一般利用大量的数据进行训练，这就意味着在具体任务上可以使用较少的数据通过微调的形式得到一个较好的模型。LLM 具有更好的生成能力，目前的 LLM 不但可以生成更自然的文本，而且还可以覆盖多个 NLP 任务，如文本分类、翻译、问答、摘要生成等。这些优势使得 LLM 成为生成领域最具前景的模型之一。

第3章

下笔如有神：文本类 AIGC

你是否曾经使用过语音助手在家中关灯、开灯或者询问天气情况？你是否曾经在浏览国外网站时使用过翻译工具？这些都是 NLP 的应用场景。除了在生活中的应用，NLP 在商业领域中也有很大的价值。例如，聊天机器人可以为用户提供全天候不间断服务，为企业节省了大量的人力成本。当然，NLP 本身是一个非常多样化的领域，包括但不限于语音识别、机器翻译和舆情监测等。

早在 20 世纪 50 年代，NLP 就有迹可循，而"文本生成"作为 NLP 最重要的技术展现，实质上是通过机器学习算法和神经网络模型生成文本来达到语言处理效果的。现阶段，这项技术已经被广泛地应用于出版、电子商务、人机交互等多个行业和领域，在助推"降本增效"的同时也伴随技术的跃迁开始"执笔未来"。

3.1　何为"智能"

当一个应用给用户提供其生成的文字时，用户只能从结果来评判它的系统是不是智能的，但是实际上，要营造智能的感觉，有时候并不需要非常复杂的机器学习模型。例如，很多应用可以根据预设好的模板自动生成电子邮件，将其发送给客户，从而节省员工撰写邮件的时间。对于需求方而言，这个系统快速地生成了可以直接使用的内容，这是具备了一定程度的智能的体现。不过，它可能并没有使用任何机器学习模型。那我们能否把这样的应用归类到 AIGC 应用中？

为了解决这种概念上的困惑，本节将从两个维度辨析相关的概念，最后给出一个划定 AIGC 应用界限的定义。

第一个维度是算力。在算法的效率没有显著差异时，AI 模型的参数越多，训练它所需要的算力就越大，相应地，模型的潜力就越大。举例来说，简单的"规则系统"几乎不需要训练，进阶的"马尔可夫模型"需要对基础词频进行统计，而"预训练模型"则需要上百块 GPU（图形处理器）同时训练。

第二个维度是内容预设。强预设意味着人们对输出的内容有正确和错误的判断；弱预设则代表人们不仅没有既定的目标答案，甚至希望能够直接获取更具"创作力"的内容作为参考。与强预设内容的"对错分明"相比，弱预设内容的好坏主要由内容获取者主观判断。

我们发现，这两个维度是相互独立的，因而我们可以把所有文字领域的应用都画在如图 3-1 所示的平面上。

图 3-1 中标号①的区域中的应用的一个共同特征是输出的文字内容基本上已经预设完毕，应用的机器学习模型相对简单，甚至没有使用机器学习模型。文字内容的预设可以是语义上的，甚至可以使用规定的模板。这类典型的应用有信函生成器、自动翻译系统等。

我们再看标号②的区域中的应用。它们也带有很强的输出文字内容的预设，但是由于任务对语言、语法和模式识别的要求更高，所以对模型和算力都提出了较高的要求。典型的应用有语音识别系统、图片识别系统和代码补全工具等。

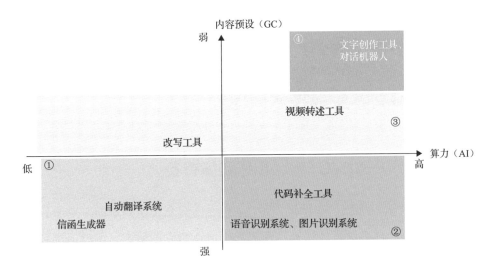

图 3-1

以上两类应用输出的文字内容被限制在过于强的预设之下，所以虽然有"输出"，但是不能算"生成"，因此它们不在 AIGC 应用之列。

在横轴以上，对于标号③的区域中的应用来说，虽然人们对输出的文字内容不再有绝对的正确和错误之分，但是依然会有明显的预设，这体现在人们可以在一个 0~10 的量表中量化这些输出的正确性。事实上，这也正是机器学习模型训练时必需的标注数据。尽管这些应用目前需要使用比较复杂的机器学习模型才能完成任务，但是也仅仅止步于完成一些既定的任务，不能超出输入内容的范畴。尽管如此，由于这些应用给人的感觉是具有较高的认知和表达水平，因此虽然它们不在 AIGC 应用之列，但是有时候我们还是可以在某些场合中看到它们被归类到 AIGC 应用中。

标号④的区域中的应用有对话机器人和文字创作工具等，最具代表性的莫过于 OpenAI 于 2022 年 11 月 30 日推出的 ChatGPT。我们发现，通过训练数据的极大丰富及大模型带来的极强的学习能力，输出的内容可以五花八门。根据场景的不同，应用的开发者甚至可以调整输出策略，从而生成更多样化的文本。这就是典型的 AIGC 应用。

3.2 拆解文本生成技术原理

3.2.1 1950—1970 年，NLP 初露锋芒

NLP 诞生于 20 世纪 50 年代，是 AI 和语言学交叉学科下的一个子领域，主要研究的是对自然语言的认知、理解和生成。对它的研究，可以追溯到第二次世界大战期间。那时，人们在利益的驱使下开始意识到破译语言的重要性，希望创造一个"机器"来理解人类的语言并将内容真正"写"出来，而 1946 年世界上第一台通用计算机的诞生为 NLP 的诞生创造了可能。

20 世纪 50 年代到 20 世纪 70 年代，是 NLP 发展的萌芽阶段。

一个标志性的里程碑是在 1950 年，艾伦·麦席森·图灵（Alan Mathison Turing）在一篇名为《计算机器和智能》的论文中提出图灵测试，将其用于测试机器是否表现出人类的智力水平。随后在 1951 年，牛津大学的计算机教授克里斯托弗·斯特雷奇（Christopher Strachey）编写了历史上的第一个跳棋程序。到了 20 世纪 70 年代中期，由亚瑟·塞缪尔（Arthur Samuel）开发的跳棋程序经过"机械学习"，其棋力已经达到业余爱好者水准。随着时间的推移，人们最初的愿景也终于达成。1954 年年初，美国乔治城大学（Georgetown University）使用计算机成功地将 40 多个俄文句子自动翻译成英文句子，这是现代机器翻译的开端。在两年后的"达特茅斯会议"上，AI 被正式提出，这一年也被称为 AI 元年。

到了 20 世纪 60 年代，研究人员开始探索 AI 的语法和语义，语法树、语法分析和语言模型等重要算法开始涌现。约瑟夫·维森鲍姆（Joseph

Weizenbaum）于 1964 年开发了一个名为 Eliza 的机器人。它实现了计算机与人通过文字内容进行交流，这或许是对话机器人的第一个前身，也是最早能够应对图灵测试的程序。

然而，AI 技术的发展并不是一帆风顺的，到了 20 世纪 70 年代，由于当时底层技术的限制，AI 技术发展得非常缓慢，许多承诺迟迟无法兑现，导致人们的兴趣开始下降。更雪上加霜的是，机器翻译所导致的种种错误开始引发社会的负面舆论，这也使得外部赞助的资金日趋减少。至此，凛冬到来。

3.2.2 1980—2010 年，NLP 的寒冬与机遇并存

1980—2010 年是 NLP 发展的关键时期。算力限制既是枷锁，也是发现新技术的机遇（更多关于算力的介绍请看第 7 章）。在这 30 年中，研究人员不断地提高生成文本的流畅度和复杂度，并成功地将其引入了商业领域。这些技术的发展为后来的文本生成技术的发展奠定了基础，并为更加逼真、智能的文本生成的研究开拓了道路。

20 世纪 80 年代，随着计算机处理能力的提高，研究人员开始使用神经网络模型和语言模型来大规模生成文本，但实际上仍以一套复杂的人工订制规则为基础，由计算机机械地执行。这种情况一直延续到 20 世纪 80 年代末期，由于计算机能力的稳步增长，机器学习算法的出现为 NLP 带来新的思路。至此，NLP 的发展正式跨入新阶段。

20 世纪 90 年代，AI 在机器学习、自然语言理解和翻译、虚拟现实、游戏等领域中都取得了重大进展。研究人员开始开发更加逼真的语言生成系统，机器学习程序可以利用统计推理算法来生成对未知输入（比如包含从未见过的单词或结构或错误输入）更可靠的模型。20 世纪 90 年代后期，研究人员开始使用深度学习技术来生成更加流畅可读的文本。同时，随着网络技术和算力基础

设施的发展，文本生成技术逐渐在商业领域中发挥作用。

21 世纪初，研究人员开始使用更加复杂、质量更高的神经网络模型（如循环神经网络和长短时记忆网络）来生成文本。如何让 AI 生成的文本与人类创作的文本相互协作以生成更加流畅的文本也被提上日程。比如，2005 年，基于跟踪网络活动或媒体使用的推荐技术将 AI 正式引入营销领域。2010 年左右，表示学习和神经网络风格的机器学习方法在 NLP 中得到广泛应用，其回答问题的准确程度让人咋舌。因此，基于深度神经网络的方法可以被视为一种不同于简单统计 NLP 的新范式。

3.2.3 2010—2019 年，技术迸发与沉淀

自 2010 年起，由于计算机的算力逐渐增强，随着 2014 年 GAN 模型的提出与迭代，AI 技术发展逐渐来到一个爆发点。2016 年，谷歌旗下的 DeepMind 公司开发的阿尔法围棋（AlphaGo）成为第一个击败人类职业围棋选手、第一个战胜围棋世界冠军的 AI 机器人，如图 3-2 所示。2017 年，小冰公司推出了世界上首个完全由 AI 创作的诗集《阳光失了玻璃窗》，人们已经逐渐无法分清 AI 与人类的智慧界限在哪里，并且无法分辨哪些是 AI 的创作，哪些是人的创作。

2016.3.15

图 3-2

3.2.4　2019 年至今，AIGC 进入寻常百姓家

2022 年，ChatGPT 的诞生不仅在技术界引起了轰动，同样也让普通人第一次认识到了 AI 技术能够给他们的生活带来如此巨大的便利。随着 ChatGPT 爆火，AIGC 浪潮正式出现。谷歌 CEO 桑达尔·皮查伊声称将推出 "ChatGPT 的竞品" Bard，微软则紧随其后宣布正式将 ChatGPT 引入搜索引擎 Bing 中。文本生成技术的发展终于来到了一个历史性的高潮时刻，但是我们相信这绝不是结尾，而是完全崭新的开始。随着 LLM 越来越成熟，我们相信在未来将会有更多的人因更多不同的场景下的 AI 技术获益！

在了解了文本生成技术的基本原理后，下面简单地介绍其在传媒、教育、办公及其他场景中的落地应用。

3.3　文本类 AIGC 在传媒场景中的应用

3.3.1　社交媒体文案：Jasper

如今，人们可能都离不开社交媒体，会经常发朋友圈或者写博客，有时甚至为了一张朋友圈配图仔细斟酌。不用担心，AIGC 应用可以帮你撰写这些社交媒体文案，比如小有名气的 AI 写作软件 Jasper。它有 50 多个写作模板，可以很好地帮你撰写博客或社交媒体文案。Jasper CEO 声称他们在 2021 年服务了 70 000 多个客户并获得了 4500 万美元的收入。

1. 生成个人介绍

Jasper 作为头部文本类 AIGC 应用，其订阅费用较高，达到了 59 美元/月。接下来，笔者带大家体验一下 Jasper 的实力。Jasper 的模板适用于 Twitter、

TikTok、Instagram 等热门社交媒体。在所有的社交媒体上，一个抓人眼球的个人介绍必不可少，让我们看一下文本类 AIGC 应用能如何帮助我们。如图 3-3 所示，用户首先要在标识 1 的位置输入相关的背景和经历信息。在标识 2 的位置，用户可以选择不同的介绍语气，有风趣的、有礼貌的，还有令人失望的语气。在标识 3 的位置，用户可以选择是使用第一人称的介绍，还是使用第三人称的介绍。在完成这些设定后，在右侧标识 4 的位置就产生了 AIGC 应用生成的个人介绍。

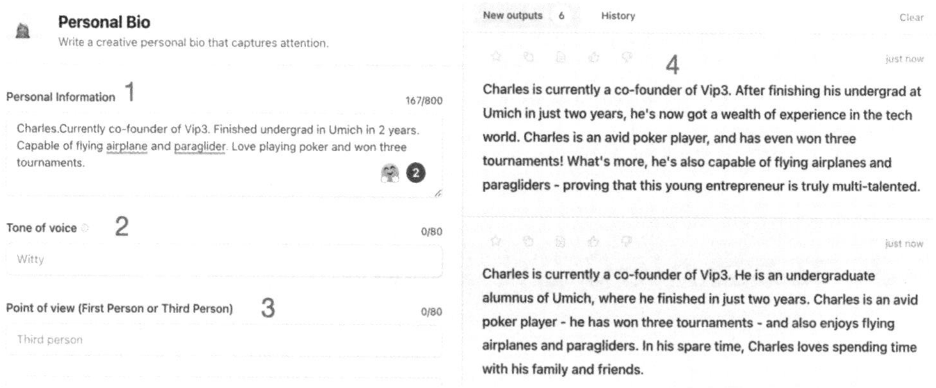

图 3-3

从结果来看，Jasper 将输入的个人标签转换成了一段语意通顺的文字。有趣的是，输入的信息中并没有使用形容词或者身份来描述该用户，而输出的结果中却有一句赞美语"这是一个多才多艺的年轻企业家"。笔者在测试时选择了"风趣"的介绍语气，因而输出的文本使用了多个感叹句和活泼的词组，符合该设定语气。

2. 生成社交媒体长文案

社交媒体的核心内容是长文案，Jasper 在这个方面也有较突出的优势。笔者只是输入了"Snowboarding in the best ski resorts in Xinjiang"（在新疆最好的滑雪度假村滑单板），Jasper 就生成了一个有四行文字且内容丰富的段落，描述在新疆的滑雪之旅中，你可以看到动人心魄的美景和让人胆战心惊的雪坡，如图 3-4 所示。除了吸引人的描述，Jasper 还会使用一些小技巧用于增加该帖子的点击率，如提示可以点击该帖子查看更多关于该度假村的信息，以及在末尾处自动生成了相关性的标签"SkiXinjiang"（新疆滑雪），以增加流量。

图 3-4

3.　生成社交媒体短文案

上面生成的是比较长的偏营销功能的文案，而在日常生活中我们发微博或者朋友圈时，往往需要比较短小精炼的文案，Jasper 同样也提供这样的功能。笔者还是输入"Snowboarding in the best ski resorts in Xinjiang"，这次 Jasper 生成了多达 10 个一句话长度的文案（如图 3-5 所示），并且每句话都有一定的差异性，比如"Time to take my snowboarding skills to the next level and shred those slopes in Xinjiang"（是时候在新疆把我的单板技巧再进阶一级了），"Nothing beats carving down snow-covered mountains at the top ski resorts in Xinjiang"（没有比在新疆顶级滑雪场的雪山中滑雪更爽的事了）。是不是有一种"凡尔赛"[①]的感觉？这满足了用户想要在社交媒体上炫耀的需求。

---

① 凡尔赛是一个网络流行语，指的是通过委婉的方式向别人展示自己的优越感。

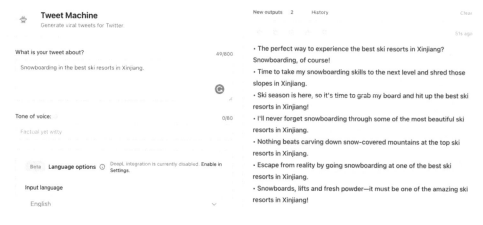

图 3-5

3.3.2　新闻写作：Quakebot、CNET

新闻是我们获取实时信息的途径。新闻不像小说，不需要内容的创意和美感，更需要把发生的事情客观、详细地描述出来。AIGC 应用可以更轻松地接管这样的工作，在获取了事件信息后，可以快速、准确地写出多份不同风格的新闻稿件。在如今这样一个"抢头条"的时代，这不仅可以提高效率，还有助于加强新闻机构的竞争力。

Quakebot 是由《洛杉矶时报》开发，用来在第一时间报道地震新闻的自动化新闻生成机器人。每当美国地质勘探局（USGS）发出地震警报时，Quakebot 就会从 USGS 的报告中提取相关数据，并将其插入一个预先写好的模板中。2013 年 3 月，Quakebot 因为第一个报道加利福尼亚州南部发生的 4.4 级地震而迅速引起关注。2014 年 3 月 17 日，美国洛杉矶发生了 4.4 级地震，Quakebot 用 3 分钟就完成了相关报道的写作和发布。

CNET 是美国报道科技类新闻的主要媒体公司之一。2022 年年底，CNET 开始使用 AIGC 应用撰写文章，这引发了人们的关注和不小的争议。起初，文章全部由 AIGC 应用生成并直接发布在 CNET 网站上，但是很快人们发现 AIGC

应用撰写的文章有很多低级错误。比如，在一篇关于复利的文章中，AIGC 应用写到，"把 10 000 美元存入一年，在利息为 3% 的情况下将获得 10 300 美元的额外收益"。人们一眼便可以看出正确的收益应该是 300 美元，而 AIGC 应用却错误地将最终的本息合计（本金加利息的和）当作总收益。CNET 在发现这个错误后进行了人工查错与修改，后来，在发布 AIGC 应用撰写的文章时都会先进行人工审核。

3.3.3　剧本撰写：海马轻帆

海马轻帆是国内的一家用 AIGC 应用对影视内容进行智能化创作和评估的公司，于 2021 年年中推出了把小说改编成剧本的功能。2020 年，国内有很多热播影视剧是由小说改编的，把小说改编成剧本的需求非常多，而海马轻帆的 AIGC 应用的这一功能恰好能满足此需求。用该公司的 AIGC 应用生成的剧本创作的微短剧《契约夫妇离婚吧》在快手上线后，截至 2023 年 2 月 3 日播放量已超过 1 亿。不仅如此，海马轻帆的 AIGC 应用还有一个相关功能，那就是给已经完成的剧本进行评估和打分，这可用于协助影视剧制作人员判断该剧本的质量和价值，此"剧本智能评估"功能已经服务了《流浪地球》和《你好，李焕英》这样的多部王牌作品。

3.4　文本类 AIGC 在教育场景中的应用

3.4.1　文章撰写：EssayGenuis

写作文和论文经常会成为学生们的大难题。随着 AIGC 应用的发展，文章撰写将变得轻松。EssayGenuis（EG）是一个专注于作文和论文撰写的 AIGC 应用，可以帮你改写段落，补充句式，甚至生成一篇完整的新文章。它擅长撰写的领域有经济学、心理学和人类学这样的文科领域，也有数学、物理学和化学这样的理科领域。

1. 生成主题文章

下面来看一看用现在的 AIGC 应用撰写文章能做到什么程度。EG 的首页就像搜索网站一样非常简捷，只有一个输入框让用户输入想要撰写的主题。笔者首先选择用"Combination of AI and Web3"（AI 与 Web3 结合）主题进行撰写，如图 3-6 所示。

What are you writing about today?

Combination of AI and Web3   Start Writing

图 3-6

一篇好的文章首先需要有一个好的结构。EG 可以根据你的写作主题，生成一个文章结构。在"AI 与 Web3 结合"主题下，EG 生成的文章结构为"Ⅰ:Introduction"（介绍）、"Ⅱ: Definition of AI and Web3"（AI 与 Web3 的定义）、"Ⅲ: Benefits of Combining AI and Web3"（AI 与 Web3 结合的好处）、"Ⅳ: Challenges of Combining AI and Web3"（AI 与 Web3 结合的挑战）、"Ⅴ: Potential Applications of Combining AI and Web3"（AI 与 Web3 结合的潜在应用）。如图 3-7 所示，我们可以看到这个文章结构并不复杂，但是很好地概括了该主题值得讨论的几个主要方面。

此时，该应用将会根据你的主题生成对应的文章，如图 3-8 所示。笔者发现，生成的文章并没有和生成的文章结构严格对应。文章主要涵盖 AI 与 Web3 的概念和结合的好处，但没有提到两者结合的挑战及两者结合的潜在应用。此外，EG 不可以像 ChatGPT 一样要求总字数，文章的整体长度有限，同时内容并没有足够的深度。一篇好的探讨 AI 与 Web3 结合的文章，应该更多地分析两者结合在一起产生的新特征带来的变化，而 EG 在讲解结合的好处时，只是从 AI 或 Web3 的角度来讲各自带来的好处。

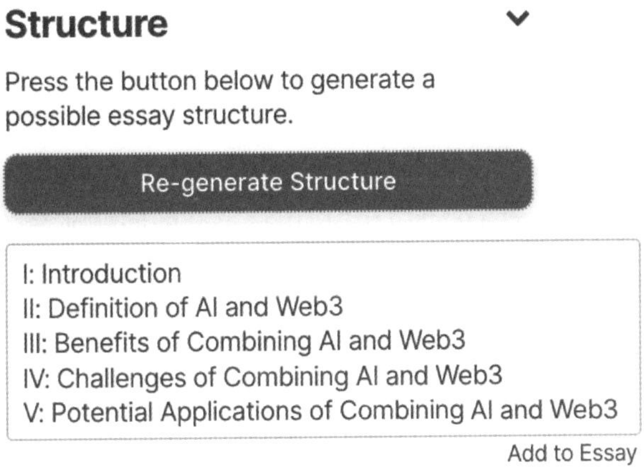

Structure ⌄

Press the button below to generate a possible essay structure.

Re-generate Structure

I: Introduction
II: Definition of AI and Web3
III: Benefits of Combining AI and Web3
IV: Challenges of Combining AI and Web3
V: Potential Applications of Combining AI and Web3

Add to Essay

图 3-7

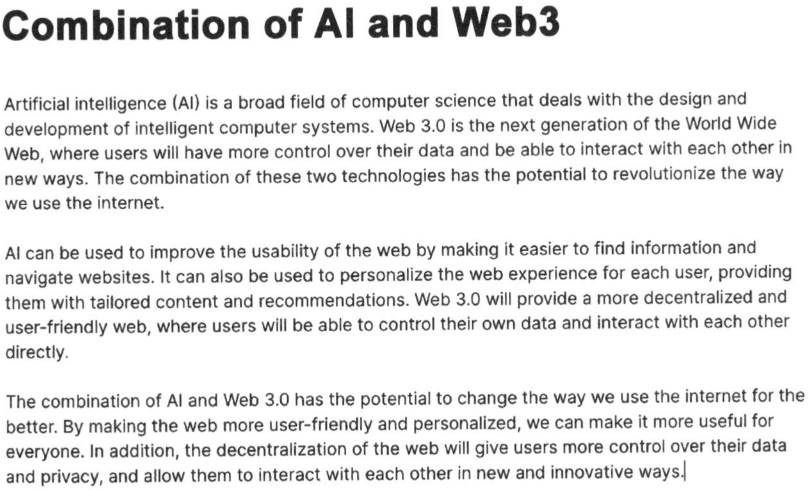

Combination of AI and Web3

Artificial intelligence (AI) is a broad field of computer science that deals with the design and development of intelligent computer systems. Web 3.0 is the next generation of the World Wide Web, where users will have more control over their data and be able to interact with each other in new ways. The combination of these two technologies has the potential to revolutionize the way we use the internet.

AI can be used to improve the usability of the web by making it easier to find information and navigate websites. It can also be used to personalize the web experience for each user, providing them with tailored content and recommendations. Web 3.0 will provide a more decentralized and user-friendly web, where users will be able to control their own data and interact with each other directly.

The combination of AI and Web 3.0 has the potential to change the way we use the internet for the better. By making the web more user-friendly and personalized, we can make it more useful for everyone. In addition, the decentralization of the web will give users more control over their data and privacy, and allow them to interact with each other in new and innovative ways.

图 3-8

　　虽然生成的文章中没有涵盖 AI 和 Web3 结合的挑战，但是我们可以使用"建议"功能让 EG 单独输出对这个问题的回答，可以得到一份有针对性的内容。如图 3-9 的方框部分所示，EG 生成的内容里提到"AI algorithms require large amounts of data to be trained, while Web3 networks are often limited in terms of data availability."（AI 模型需要大量的数据进行训练，而在 Web3 网络里数据是有限制的）。虽然这个论点不一定站得住脚，但是生成的内容和用户想要的内容有更强的关联性，方便用户补充内容。

2. 通过 Prompt 词组优化结果

在使用 ChatGPT 这类 AIGC 应用时，用户提交的问题或命令是非常重要的。这些内容作为输入会在很大程度上影响输出的结果。在上面的例子中，我们得到的文字内容比较宽泛，而且并没有落脚到 Web3 的实际应用（如 NFT 或元宇宙）上。如果想要得到一篇质量更高的文章，我们就需要从命令（Prompt 词组）上下功夫。与上一个例子的主题"AI 与 Web3 结合"相比，我们可以尝试在主题中加入更具体的方向，如"Combination of AI and Web3 in areas like NFTs, Smart Contract and Metaverse"［AI 与 Web3 场景（如 NFT、智能合约和元宇宙）的结合］。如图 3-10 所示，在更明确的指令下，AIGC 应用输出了质量明显更高的文章。

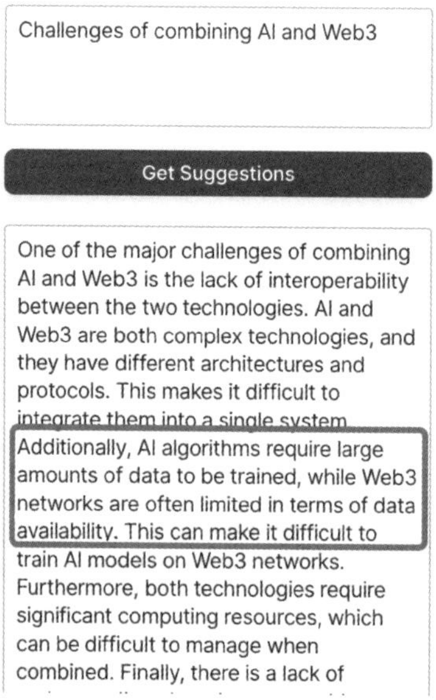

图 3-9

Combination of AI and Web3 in areas like NFTs, Smart Contract and Metaverse

The potential for a combination of AI and Web3 technologies in areas like NFTs, smart contracts and the metaverse is significant. By harnessing the power of AI and the decentralised nature of Web3, we can create new opportunities for economic and social value creation.

NFTs can use AI to help verify the authenticity of digital assets and to track provenance. This is important in ensuring that NFTs are not subject to fraud and that their value is maintained. AI can also be used to create new NFTs, by generating new digital assets that are unique and valuable.

Smart contracts can use AI to automate the execution of contracts, and to verify the accuracy of data used in the contract. This can help to reduce the risk of fraud and error in smart contracts, and make them more reliable and efficient.

The metaverse is a virtual world that is created and sustained by user-generated content. AI can be used to create new content for the metaverse, and to help manage and curate the existing content. This can create a more immersive and dynamic experience for users, and help to grow the metaverse.

图 3-10

这篇文章用 NFT、智能合约和元宇宙分别举例,提到 AI 可以帮助验证 NFT 的版权的真实性,且可以快速地生成独一无二的新图片。相对来说,这篇文章的质量比较高了,有实际应用的举例而且案例有落地性。此外,这篇文章还提出,AIGC 应用可以帮助查找智能合约中是否有错误的代码,以及审核智能合约是否有诈骗属性。在如今的 Web3 行业中"钓鱼"等骗局发生得非常频繁,AIGC 应用确实可以在智能合约审查上带来较大的帮助,所以可以说 AIGC 应用生成的这个论点非常贴合主题和当下的热点。

3. "反 AIGC" 文本识别

在文本类 AIGC 应用大火后,已经有一些高校的学生在使用 AIGC 应用写作业。于是,老师们开始调整课程作业的结构,把原本一些课后的作业改为在课堂上用手写完成,但其实还有别的方法用来防范学生使用 AIGC 应用进行偷懒。来自普林斯顿大学的学生爱德华·田(Edward Tian)开发了一款 AI 写作识别软件。该软件通过两个指标来判断一篇文章是否为 AIGC 应用撰写的:文章句式的复杂度和差异性。若文章的大多数内容采用的是非常普遍的结构和类似的句式，则判定其为 AIGC 应用撰写的。

国内的学术机构也已经开始行动，核心期刊之一《暨南学报（哲学社会科学版）》发布《关于使用人工智能写作工具的说明》，声明不接受 ChatGPT 或类似语言模型工具参与署名的文章，并对涉及人工智能写作工具的文章有非常严格的要求，如图 3-11 所示。

4. 对 AI 撰写软件的争议

围绕 AI 撰写软件已经有许多不同的声音和看法，得克萨斯大学奥斯汀分校的修辞与写作副教授 Scott Graham 认为，AI 撰写软件撰写的文章的质量不高，无法在他的课上获得高分，只能得到分数 C，也就是刚刚及格。也有一些教育工作者认为，AI 撰写软件能给学生在创作初期构思和在第一稿完成的过程中提供比较大的帮助，值得推广。笔者想要提醒大家，AI 撰写软件虽然能帮助我们提高效率，但是我们不应该过度依赖 AI 撰写软件。在撰写文章的场景下，只有自己用心思考和写作，才能培养批判性思维能力，在写作的同时有更多的收获和沉淀。AI 撰写软件可以帮我们快速地制定框架或为我们提供更多的想法，但不应该成为我们偷懒的工具。

我们在测试了目前市面上主流的 AI 撰写软件后发现有以下三个问题。第一个问题是观点平庸、立意陈旧，AI 撰写软件基本上只能给出大众化的描述，这种描述虽然一般不会出错，但是没有实际意义，属于"正确而无用"的废话。第二个问题是编造案例的问题，AI 撰写软件为了给出我们满意的答复，会自行编造不存在的事件作为案例。第三个问题是行文混乱，虽然 AI 撰写软件写出的文章通常格式规范，看起来结构清晰，但是我们在细读之后会发现存在很多重复性表述。

关于使用人工智能写作工具的说明

近期由于工作需要，《暨南学报（哲学社会科学版）》发布三则关于使用人工智能写作工具的说明。

1. 暂不接受任何大型语言模型工具（例如：ChatGPT）单独或联合署名的文章。
2. 在论文创作中使用过相关工具，需单独提出，并在文章中详细解释如何使用以及论证作者自身的创作性。如有隐瞒使用情况，将对文章直接退稿或撤稿处理。
3. 对于引用人工智能写作工具的文章作为参考文献的，需请作者提供详细的引用论证。

特此声明！

《暨南学报》编辑部
2023年2月10日

图 3-11

3.4.2　出题和做题：高校联合团队开发的 AI 程序

在数学或物理这样的理科教学中，一定避免不了做题和考试，因此每年编写大量新的试题会花费教育工作者很多时间和精力。2022 年 6 月，麻省理工学院、哥伦比亚大学和哈佛大学的联合团队开发了一个 AI 程序，该程序使用了 OpenAI 的 Codex 模型。该程序不仅能自主编写大学数学的题目，还能以 81% 的正确率完成大学各类课程的试题，包括微积分、线性代数和计算机科学等。

3.4.3　青少年教育：Cognii

在教育层面上，每个家长可能都希望自己的孩子能在"因材施教"的环境下，获得更有针对性的教学方案。然而，在现实中，一个班级可能有 20~50 名学生，老师可能只能用同一个理念和节奏来进行灌输式的教学。但是在 AIGC

应用的帮助下，真正能从学生弱处出发，量身定制型的教育成了可能。Cognii 是一家成立于美国波士顿的 AI 教育公司，它的 AIGC 应用可以根据每个学生的实际情况，生成定制化的学习安排。此外，Cognii 的 AIGC 应用还可以引导式地对学生进行提问和反馈，不是简单地告诉学生对或错，而是提示学生在哪个方面需要修改或深入思考，从而帮助学生提高学习效果，如图 3-12 所示。

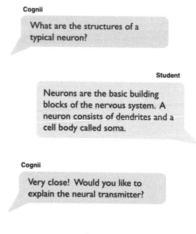

图 3-12

3.5 文本类 AIGC 在办公场景中的应用

3.5.1 搜索引擎优化：Kafkai

过去的 20 年，互联网几乎改变了人们熟悉的一切。当需要搜索感兴趣的内容时，人们常常会选择强大的搜索引擎。无论是国外的谷歌还是国内的百度，都成为很多人对互联网的启蒙老师。当搜索引擎成为互联网大门的时候，如何正确地打开这扇大门成了每个人都关心的话题。很多人尤其是广告主希望不断地优化自己的文案，从而使其能被强大的搜索引擎识别归类，让自己的产品或服务霸占某个热词排行榜的榜首，获得海量的流量和客户。

这听上去很简单，但是搜索引擎优化（Search Engine Optimization，SEO）一直是很大的挑战。对于一个普通人来说，在不借助任何外在工具的情况下，能合理地利用搜索引擎提高自己网站的搜索排名几乎是一件不太可能完成的事情。很多企业在 SEO 上每年花费上百万元，希望让它们的网站在上亿个搜索结果中脱颖而出，但常常未能见到很好的效果。在 AIGC 应用的帮助下，SEO 的成本和效率会发生质的改变。

Kafkai 是一个老牌的 AIGC 应用，主要帮助企业客户生成它们的 SEO 内容，包括网页、博客和社交媒体的 SEO 内容。Kafkai 提供 30 多种内容类别，如健康、音乐、汽车等。选择正确的类别可以使生成的内容更贴合客户的产品特点。Kafkai 的公司声称使用它生成的 SEO 内容将使成本降低百倍。

1. Kafkai 介绍

在 Kafkai 的官网上，Kafkai 的介绍为 "一个能帮助你创作独一无二且价格实惠的 SEO 优质内容的人工智能写手"，如图 3-13 所示。其官网推荐的订阅费用在 49 美元/月左右，服务包括每月生成 250 篇文章，适用于 38 个行业并可以使用 7 种语言。遗憾的是，Kafkai 暂时还不支持中文，或许这也给国内的创业者们留下了一个机会。Kafkai 几乎适用于需要投放广告的各行各业，有比较常见的美容业、餐饮业等，如图 3-14 所示。值得称赞的是，每次生成的文章都是原创的，而不是通过网上已有的碎片内容拼接而成的。

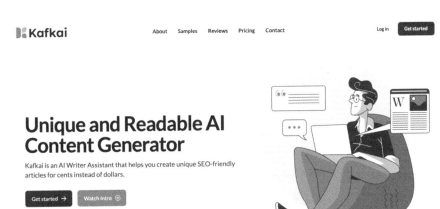

图 3-13

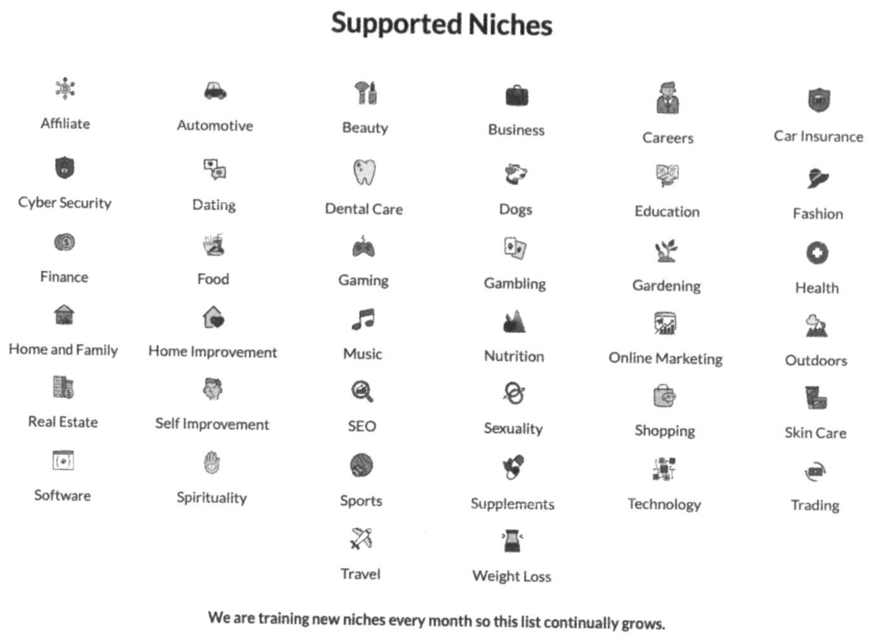

Supported Niches

Affiliate	Automotive	Beauty	Business	Careers	Car Insurance
Cyber Security	Dating	Dental Care	Dogs	Education	Fashion
Finance	Food	Gaming	Gambling	Gardening	Health
Home and Family	Home Improvement	Music	Nutrition	Online Marketing	Outdoors
Real Estate	Self Improvement	SEO	Sexuality	Shopping	Skin Care
Software	Spirituality	Sports	Supplements	Technology	Trading
		Travel	Weight Loss		

We are training new niches every month so this list continually grows.

图 3-14

2. 实操及落地场景

实操过程相对简单，用户仅需要选中一个大类（例如，金融），Kafkai 会自动生成相应类目的文章。如果用户想指定自己的主题，那么可以给 Kafkai 一个引子。在如图 3-15 所示的例子中，主题引子是"The top ten qualities of a great leader"（成为一个优秀领导者的十大品质），系统随后就会生成该主题的文章。

当然，并不是每次生成的文章都尽如人意。所以，Kafkai 还有一个用户反馈机制。用户可以基于自己对生成的文章的理解给该文章评价，即不满意、一般、不错及完美。基于这个反馈结果，系统算法会自行对生成的内容进行不断的迭代和优化。使用的人越多，生成的内容自然就会得到越多的反馈，从而会越来越优质。

Regular Writer　/　Experimental Writer　(beta)

Select the niche

Advanced

Give us a short sentence to start

If you want more control over the content of the article, you can provide the title and our robot will continue writing the article from there. The quality of the output will greatly depend on how the title is written, we suggest testing a few approaches and seeing which works best for you.

The top ten qualities of a great leader

图 3-15

3.5.2　营销文案：Copysmith

在网上购物时，足够吸睛且直击痛点的文案在很多时候都会潜移默化地促使我们进行购买。即使是每月上新不那么频繁的中低等级店铺，也需要大量的产品营销文案。这类文案的写法主要是把商品的特征及网络热词串联起来，写作难度并不高，因此 AIGC 应用更容易完成。Copysmith 就是定位为专门帮助品牌和企业生成营销类内容（包括商品描述、宣传文案和网页内容等）的软件。它可以使用 65 个国家的语言撰写营销文案。它能很好地帮助国内外电商平台生成各个目标市场国家的商品文案。

3.5.3　电子邮件：Compose.ai

虽然现在我们在沟通时都更习惯使用聊天软件（如微信或 WhatsApp），但在学校或比较正式的工作场合，还是需要用更为严肃的邮件形式来进行沟通。邮件的格式和内容往往是最关键的。大多数初入职场的人都难免在和上级沟通的邮件中出现低级错误，给上级留下不好的印象，这时一个能帮助他们规避这些问题的 AIGC 应用正是刚需的。Compose.ai 就聚焦于邮件场景的内容生成，其主要功能包括自动补充句式、优化内容及自动生成回复邮件。目前，Compose.ai 可以免费使用，并可以通过 Chrome 插件在浏览器中使用，可以轻松地在各个邮件系统中植入。

3.5.4 代码撰写：GitHub Copilot

以前，人们总认为 AI 容易取代简单、机械的工作，如制造业和服务业的工作。但其实，以高薪闻名的职业程序员，如今也受到了一定的威胁。OpenAI 推出的 ChatGPT 就可以根据用户的指令自动撰写代码，并可以根据需求输出对应的计算机语言，如 Java 或 C++。如果你对输出的结果不满意，那么还可以告诉 ChatGPT 哪一个具体部分需要修改，它有一定的灵活性。

除此之外，OpenAI 还与世界上最大的代码存管社区 GitHub 合作开发了 GitHub Copilot，定位于专业的 AI 编程助手。GitHub Copilot 基于 10 亿行数量级的代码进行训练，可以实时地为用户撰写的代码提供修改建议，还可以根据用户的要求自动撰写一部分代码。以前，开发者在使用不熟悉的代码语言写程序时，往往需要更多的学习成本去掌握新的语法，而 GitHub Copilot 可以帮助开发者自动转换代码语言，节省大量的学习成本。如图 3-16 所示，方框内为开发者填写的功能需求，GitHub Copilot 可以快速地生成满足需求的代码片段。

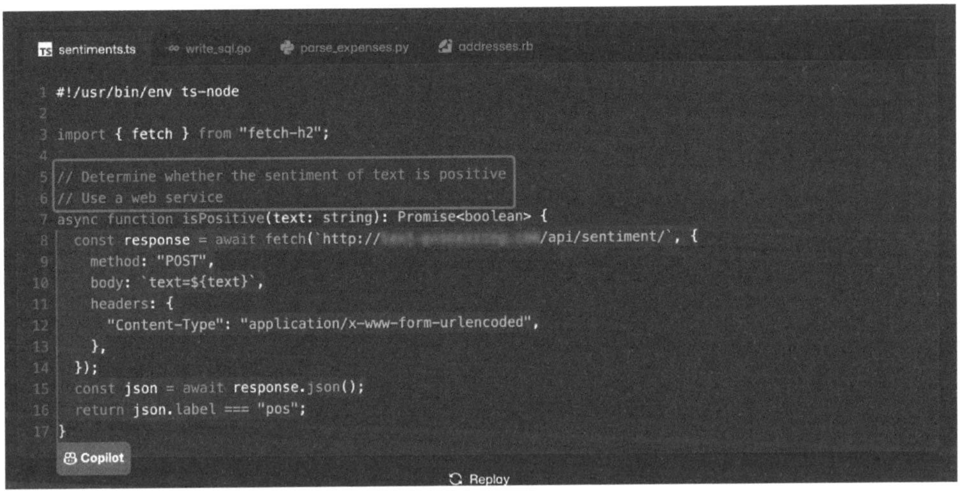

```
ts sentiments.ts      write_sql.go      parse_expenses.py      addresses.rb

 1  #!/usr/bin/env ts-node
 2
 3  import { fetch } from "fetch-h2";
 4
 5  // Determine whether the sentiment of text is positive
 6  // Use a web service
 7  async function isPositive(text: string): Promise<boolean> {
 8    const response = await fetch(`http://              /api/sentiment/`, {
 9      method: "POST",
10      body: `text=${text}`,
11      headers: {
12        "Content-Type": "application/x-www-form-urlencoded",
13      },
14    });
15    const json = await response.json();
16    return json.label === "pos";
17  }

 Copilot                                          Replay
```

图 3-16

3.6　文本类 AIGC 的其他热门场景

3.6.1　AI 聊天机器人

在很多时间设定为未来的科幻电影中，都会有非常智能的机器人。它们与人类聊天或者做某些任务都不在话下。虽然能够灵活行动的机器人现在还没有成功商业化的案例，但是可以智能地聊天和沟通的软件已经不胜枚举。

1. 小冰

除了近期大火的 ChatGPT，小冰也是被熟知的智能聊天机器人。小冰是在 2014 年由微软（亚洲）互联网工程院推出的。截至 2022 年，小冰已经迭代到了第九代，并在日本、美国等多个国家实现了本地化。2014 年 6 月，小冰的微博账号上线，用户在微博@小冰发布内容，很快就会收到小冰的 AI 回复。

此外，小冰的官网非常有趣，是两个 AI 聊天机器人"周小豆"和"201"在进行语音对话。截至 2023 年 2 月 14 日，这两个 AI 聊天机器人已经持续对话了 1 年零 304 天，如图 3-17 所示。笔者听了一段时间，发现它们的聊天涵盖很多类型的内容，有日常情绪、知识分享，甚至还有文言文。第 4 章将会更多地介绍语音类 AIGC，笔者在此不做赘述。

图 3-17

2. Glow

除了可以给我们答疑解惑，聊天机器人的陪伴式聊天也是一个有趣的应用场景。在强大的模型和算法的加持下，如今的聊天机器人已经可以做到定制背景和性格。比如，2022 年年底在国内推出的陪伴式聊天机器人 Glow，就是这个场景下的产品。

你可以从 Glow 的上百个"智能体"中选择想进行对话的"智能体"，每个"智能体"都有不同的性格、背景和主题，其中大部分"智能体"都是由用户自己定义并生成的，如图 3-18 所示，有游吟诗人、落魄贵族、富家千金等。在与不同的"智能体"进行对话时，"智能体"的聊天内容将会带入这些设定。

笔者问富家千金"林华"的家里是否有钱，她回答资产过亿元，每月的零花钱是 100 万元，聊天界面如图 3-18 所示。

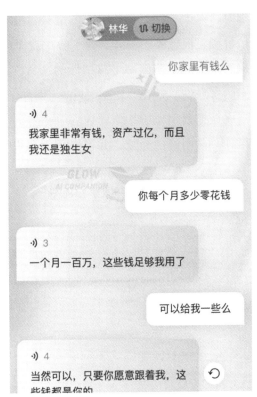

图 3-18

此外，Glow 的"智能体"发出的每段话都包含语音和文字，每个"智能体"的声音也都各有特色，让用户有与真人聊天的感觉。从交互内容上来看，Glow 的"智能体"对笔者提出的大部分问题的回答都持有积极与肯定的态度，确实可以给用户带来一定的正面的情绪价值。

3.6.2 AIGC 搜索引擎：Perplexity AI

ChatGPT 在国内外掀起热潮后，有一些关键意见领袖(Key Opinion Leader，

KOL）认为 ChatGPT 给谷歌等传统的搜索引擎造成了很大威胁，甚至有一天会代替谷歌。虽然 ChatGPT 的公司 OpenAI 并没有推出任何搜索引擎类产品，但另一家公司已经推出了 AIGC 搜索引擎 Perplexity AI。当在谷歌或百度搜索问题时，你会看到数页几十行的链接，根本无法准确、快速地从这些链接中找到最准确、最想要的答案。为了解决这个问题，Perplexity AI 使用 AI 模型，给用户的搜索问题输出一个总结性的答案，并列明该答案的来源，方便用户判断答案的可靠性。这也是 Perplexity（困惑）AI 产品名称的由来。如图 3-19 所示，当在该搜索引擎中搜索 "Why is the sky blue"（为什么天是蓝的）时，你将会得到一段明确的答复，并可以搜索和查看该答案的所有来源。

图 3-19

3.7　万众瞩目的 ChatGPT

3.7.1　ChatGPT 是什么

相信大家都听说过现在火热的 ChatGPT。有人甚至说 ChatGPT 的面世让元宇宙提前 10 年到来。ChatGPT 到底是什么？OpenAI 的官网介绍如下：

　　ChatGPT 是一种可以用对话形式交互的 AI 语言模型。ChatGPT 能回答符合上下文语义的多次提问，能认识到自己在对话过程中的不足，能纠正不正确的前提假设甚至拒绝不合理的要求。

　　ChatGPT 这个拗口的名字来源于其背后的模型：GPT 模型。截至 2023 年 3 月，GPT 模型已经发布到了第 4 代。GPT 模型由 AI 专家团队使用 RLHF 策略训练而成。训练的方式是大数据学习和人工反馈。OpenAI 官网介绍，AI 训练员提供对话框架后，在对话中既扮演用户，又扮演 AI 助手。AI 训练员可以访问模型，对 AI 助手回复的答案进行优化。同时，AI 训练员把新的对话数据集与之前的存量数据集混合，将其转换为对话格式。在海量的大数据训练之后，ChatGPT 能用大家熟悉的沟通方式进行互动，生成新的内容而不是重复使用现有的内容。

　　让中国用户惊喜的是，ChatGPT 不仅支持英语、法语、德语等，还支持汉语。2023 年 3 月 14 日，OpenAI 官方公布的数据显示，汉语的准确率高达 80.1%，是准确率最高的亚洲语言，超过了日语（79.9%）和韩语（77.0%）。

　　OpenAI 官方公开表示，ChatGPT 有以下两个问题：

　　（1）因为 ChatGPT 的绝大多数训练数据都来自 2021 年以前，所以对 2021 年之后发生的事件的回答并不尽如人意。

　　（2）ChatGPT 常常会猜测用户想问的问题，这就导致结果不精准。

3.7.2　ChatGPT 的海量应用场景

　　你可能会问，AI 聊天机器人已经应用了多年，ChatGPT 和之前的 AI 聊天机器人有什么区别？其实答案在于高可用性和丰富的落地场景。与之前普通的机械式的 AI 聊天机器人不同，ChatGPT 真正具备了"智能"的特点，能用逻辑思维解决问题,甚至能在学术能力评估测试(Scholastic Assessment Test,SAT) 的数学考试中取得 710 分（满分为 800 分）。ChatGPT 的应用场景如下。

1. 快速收集资料，高效检索信息

很多人在工作中都需要快速地收集资料并得出事实性的结论。比如，向 ChatGPT 发出"请列举历史上市值最高的互联网公司"的指令。ChatGPT 很快锁定了公司并且给出了它的估值。

历史上市值最高的互联网公司是美国科技巨头苹果公司。苹果公司在 2018 年 8 月成为首家市值突破 1 万亿美元的公司,随后其市值一度超过 2 万亿美元。截至 2021 年 9 月,苹果公司的市值约为 2.2 万亿美元,成为全球市值最高的公司之一。

值得一提的是，亚马逊公司在 2018 年 9 月曾一度超过苹果公司成为市值最高的公司，但其市值并未持续超过苹果公司。此外，其他在互联网和科技领域具有重要地位的公司，如谷歌的母公司 Alphabet、Facebook 等也都是市值数千亿美元的巨头企业。

你可能已经注意到了，我们问的是市值最高的公司是哪家公司（苹果公司）。ChatGPT 在第一段就给出了答案，但是 ChatGPT 的回答更深入，提到了很多别的互联网巨头，如亚马逊、Facebook 等。ChatGPT 就像一个优秀的员工，在完成本职工作的同时，做了很多额外的工作，让回答更加全面。

试想一下，在没有 ChatGPT 的时候，我们需要在传统的搜索引擎上查找资料，在收集完原始数据后，还要进行人工计算和信息处理。这样一问一答的形式，不仅是人们更熟悉的沟通方式，在信息传递上也更高效。其背后的逻辑很简单，我们在提出一个问题的时候，希望得到的是一个答案，而不是上万个搜索结果页。

我们把人们检索信息的历史简单地分为三个阶段：

（1）前搜索引擎时代——书报时代。人们翻阅书籍、报刊，一页一页地查找需要的信息，麻烦且效率低下，而且找到的信息往往不全面。

（2）搜索引擎时代。人们把自己需要查找的信息的关键词输入搜索引擎中，然后根据搜索引擎返回的结果，二次或多次处理信息，最终得到自己想要的信息。

（3）后搜索引擎时代——ChatGPT 时代。人们可以直接提问，ChatGPT 可以直接给出答案。问题越明确，回答得越具体，越高效，但答案不一定完全准确，需要二次验证。

很有意思的是，ChatGPT 有纠正错误的能力。例如，向 ChatGPT 发出"物理学家莫奈有哪些名作"的指令。ChatGPT 在回答问题之前，纠正了问题的一个错误——莫奈并不是物理学家，并给出如下回复。

很抱歉，我认为您可能把名字写错了。因为莫奈（Monet）通常是指印象派艺术家克劳德·莫奈（Claude Monet），而不是物理学家。

如果您想了解莫奈的作品，请看以下列表：

-《草地上的午餐》（*Luncheon on the Grass*）

-《印象·日出》（*Impression, Sunrise*）

-《鲁昂的大教堂》（*Rouen Cathedral*）

-《海港》（*The Port*）

-《鲜花和水果》（*Fruit and Flowers*）

2. 创意文案生成

这可能是所有创意工作者的福音，因为 ChatGPT 可以做很多有创意性的工作。例如，向 ChatGPT 发出"与 ChatGPT 相关的爆款短视频选题有什么"的指令。ChatGPT 快速给出了 8 个选题。不得不说，有几个选题还真让人拍案称绝。

作为一个 AI 语言模型，我的性质决定了我不是一个可视化的对象，因此不太适合作为短视频选题。不过，以下是一些和我相关的可能会在抖音或其他社交平台上受欢迎的短视频选题的例子：

ChatGPT 是什么？一个对话式 AI 语言模型的简介和介绍。

ChatGPT 的技术原理和工作流程，可以通过动画或演示图表的方式呈现。

ChatGPT 的使用场景和应用，可以通过场景模拟或用户体验展示。

ChatGPT 与人类对话的实时演示，可以通过模拟对话或录制实际对话的方式展示。

ChatGPT 与其他 AI 语言模型的对比，可以通过表格或图表的方式呈现。

ChatGPT 对于不同行业或领域的应用案例，可以通过演示或介绍案例的方式展示。

ChatGPT 的未来发展和前景，可以通过专家访谈或未来展望的方式展示。

ChatGPT 的趣闻和彩蛋，可以通过趣味性的演示或介绍方式呈现。

这些选题可以让用户更好地了解 ChatGPT，吸引关注和讨论。

可能你会认为，这只是大方向，还不够具体。那么来看一下下面的对话。

问题：

能具体讲讲"ChatGPT 和其他 AI 语言模型的对比"这个选题吗？怎么写脚本？

回答：

好的，下面是一些脚本的写作建议：

简单介绍不同的 AI 语言模型。在这一部分，您可以介绍一些不同的 AI 语言模型，例如 BERT、GPT 和 Transformer 等，以及它们的工作原理和应用场景。这部分可以用文字和图表的形式呈现。

比较不同的 AI 语言模型。在这一部分，您可以比较不同的 AI 语言模型的性能、优势和劣势，以及它们的适用场景。您可以通过表格、图表、动画或实际演示的方式呈现比较结果。

探讨 ChatGPT 的优势和不足。在这一部分，您可以更加详细地介绍 ChatGPT 的技术原理、应用场景和性能等方面，并分析 ChatGPT 相对于其他 AI 语言模型的优势和不足。您可以通过实际应用案例或模拟对话的方式呈现。

总结。在这一部分，您可以对比较和分析的结果进行总结，并提出一些结论和展望。您可以强调 ChatGPT 的优点，并说明 ChatGPT 在未来的应用和发展方向。

下面是一个简单的脚本示例：

-开头-

Hi，大家好，我是 ChatGPT，一个对话式 AI 语言模型。

-介绍不同的 AI 语言模型-

在目前的 AI 语言模型中，常见的有 BERT、GPT 和 Transformer 等。
BERT 是一种预训练模型，主要用于文本分类和问答系统等。
GPT 是一种生成模型，它可以根据给定的上下文来生成自然语言的文本。
Transformer 是一种注意力机制模型，它可以学习到输入序列中每个元素的重要性。

-比较不同的 AI 语言模型-

下面是一个比较表格的示例：

AI 语言模型	应用场景	性能指标
BERT	文本分类、问答系统	准确性高
GPT	自然语言生成、对话系统	流畅度高
Transformer	机器翻译、语音识别	速度快

看到这里，你可能对 ChatGPT 有了一定的了解。ChatGPT 不仅是一个简单的问答软件，还可以给出建议。例如，可以介绍不同的 AI 语言模型，比较不同的 AI 语言模型，同时给出一个具体的脚本，甚至完整地罗列自己和其他 AI 语言模型的优缺点。

客观来说，这个脚本的信息比较全面，包括了大家最关注的几个热点问题。当然，从脚本策划和爆款编导的角度来说，这个脚本相对机械和平铺直叙，用这个脚本拍摄的短视频较难在短视频平台上成为爆款，但瑕不掩瑜，仅通过短短几句话的引导，ChatGPT 就能如此高效地生成创意文案。这值得每个创意工作者关注和使用。

3. 书写高质量的代码

即使你不会写代码，也没有关系，ChatGPT 可以帮你实现这个梦想。以最常用的结构化查询语言（Structured Query Language，SQL）为例，向 ChatGPT 发出"请写一段 SQL 语句，查找各部门分数最高的 3 个员工"的指令。ChatGPT 先快速地创建了两张表格，一张是员工表（员工 ID、员工姓名、部门 ID 和员工分数），另一张是部门表（部门 ID 和部门名字）。

```
employees (id, name, department_id, score)
departments (id, name)
```

然后，ChatGPT 就开始输出以下代码。

```
SELECT e.name, e.score, d.name AS department_name
FROM employees e
JOIN departments d ON e.department_id = d.id
WHERE (
  SELECT COUNT(*)
  FROM employees e2
  WHERE e2.department_id = e.department_id AND e2.score > e.score
) < 3
ORDER BY d.name, e.score DESC;
```

最后，ChatGPT 还担心用户看不懂这段 SQL 语句，用中文做了一下解释。

该查询使用子查询来计算每个员工的部门中有多少个员工比他们的分数高，然后筛选出前三个。最终的结果按部门名称和员工分数降序排列。

如果你懂编程，那么可能会觉得上面的例子过于简单。不过，你可别小瞧了 ChatGPT 写代码的功力，ChatGPT 的编程能力虽然与一线互联网"大厂"的程序员相比还有差距，但是已经超过了很多普通的程序员。

4. 逻辑性预判和回答

在图 3-20 中有很多气球通过绳子拴在地面的重物上。向 ChatGPT 发出 "What would happen if the strings were cut?"（如果把绳子剪断会发生什么？）的指令，ChatGPT 准确地给出了结论 "The balloons would fly away."（气球会飞走）。从这个回答中可以看出，ChatGPT 不仅可以读懂图片的内容，还能像人一样，结合生活常识对未发生的事情预判结果。

图 3-20

你还记得在上小学时遇到过的一些让人头疼的数学题，尤其是安排时间的数学题吗？这些问题对于 ChatGPT 来说，简直是小菜一碟。例如，向 ChatGPT 发出 "Andrew 早上 11 点到下午 3 点有空；Joanne 中午 12 点到下午 2 点，3

点半到下午 5 点有空；Hannah 在中午 12 点后的半小时有空，以及下午 4 点到 6 点有空。什么时候可以开半个小时的会”的指令，ChatGPT 不仅给出了答案，还给出了推导过程。

Andrew：早上 11 点-下午 3 点

Joanne：中午 12 点-下午 2 点，下午 3 点半-下午 5 点

Hannah：中午 12 点-下午 12 点半，下午 4 点-下午 6 点

得出结论：中午 12 点到 12 点半

3.7.3 GPT-4 模型：截至 2023 年 3 月最强的 AI 模型

在美国时间 2023 年 3 月 15 日，OpenAI 推出了 GPT-4 模型。

GPT-4 模型和 GPT-3 模型有什么区别？为什么 GPT-4 模型一推出就成了硅谷乃至全球的新宠儿？GPT-4 模型到底有多强？

1. 既能读长文，也能识图

OpenAI 官网介绍，使用 GPT-3 模型的 ChatGPT 只能处理 3000 字左右的文本，而使用 GPT-4 模型的 ChatGPT 能处理 2.5 万字的文本。你可能会问，怎么把 2.5 万字输入聊天框中？不用着急，你可以把链接输入聊天框中，ChatGPT 可以自己打开链接读取信息。

例如，我们把美国歌手蕾哈娜的维基百科链接输入聊天框中，并向 ChatGPT 发出 “Describe her Super Bowl performance and what made it special”（请描述她在 “超级碗” 上的表现和什么让她的表现如此特别）的指令。ChatGPT 快速地给出了多条分析，甚至提到了这场表演是她 5 年来的第一场现场表演，如图 3-21 所示。

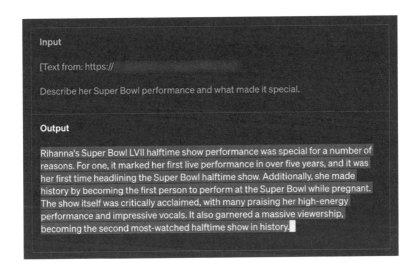

图 3-21

ChatGPT 也可以直接读取图片。在 ChatGPT 的聊天框中输入一张如图 3-22 所示的图片，图中有鸡蛋、面粉、牛奶等。

图 3-22

向 ChatGPT 发出"What can I make with these ingredients?"（我用这些原料可以做哪些东西？）的指令，ChatGPT 给出了很多美食建议：

你可以用这些原料做很多选择！一些可能性包括：

- 煎饼或华夫饼

- 可丽饼

- 法式吐司

- 煎蛋卷或菜肉馅煎蛋饼

- 乳蛋饼

- 奶油冻或布丁

- 蛋糕或纸杯蛋糕

- 松饼或面包

- 饼干或饼干

2. 更能做题的"AI 做题家"

OpenAI 官网公布的数据显示，使用 GPT-4 模型后，ChatGPT 比以前更会做题了。比如，使用 GPT-3 模型的 ChatGPT 在美国统一律师资格考试（Uniform Bar Exam）中，其考试成绩只能超过 10% 的人类考生，但在使用 GPT-4 模型后，能超过 90% 的考生。

3. 更多落地场景

你可能会觉得上面的众多案例还是在"调侃"AI 和"炫技"，实际的应用案例并不多。其实不然，ChatGPT 已经越来越成为人类的好帮手。据 OpenAI 的官网介绍，ChatGPT 已被众多机构使用。例如，帮助摩根士丹利更好地进行财富管理，帮助 Stripe（美国互联网金融公司）打击金融诈骗。

最有意思的一个应用案例是帮助冰岛政府传承冰岛语。现有的使用冰岛语的文字资料不多，把英语翻译成冰岛语往往不准确。使用 GPT-4 模型后的 ChatGPT 不仅能从语法上准确地翻译，还能依托强大的机器学习能力，快速地让自己成为一个老冰岛人。在使用不同的语言提问时，ChatGPT 也能回答得很恰当。比如，当用英语问现在有多少国会议员时，ChatGPT 会根据英美两国的情况进行回答，但是当用冰岛语问同样的问题时，ChatGPT 就会根据冰岛的情况进行回答。

3.7.4　ChatGPT 对普通人意味着什么

对于强大的 ChatGPT，每个人都有自己的态度，"ChatGPT 太牛了，可以帮助我提高工作效率，改变世界！""ChatGPT 来了，我要失业了。我该怎么办？"

客观来看，ChatGPT 和所有的 AIGC 应用一样，归根结底还是一种生产力工具，只能帮助我们完成目标。打一个不恰当的比方，ChatGPT 就是那个放在桌边的计算器，虽然可以在一秒内算出加减乘除四则运算的结果，但是如果我们不告诉它算什么，它永远不会告诉我们答案。

对于普通人来说，如何决策方向和规划愿景，是 AIGC 应用无法代替的。在未来，更多的简单工作会被 AIGC 应用所代替，这让人们可以更加专注于做决策性的工作。

这不正是人类的魅力和独特之处吗？

3.8　文本类 AIGC 的未来

文字的发展源远流长，其一直承担着记录人类思想的重任，而书写文字的工具，也从在黏土上写字的芦苇笔、在龟甲上刻字的青铜刀演化到笔墨纸砚，如今演化成了触摸屏和键盘，甚至可以用语音输入。在 AIGC 时代，我们已经看到了更高效的内容生成方式，这种方式深刻地影响着人类撰写演讲稿、诗歌、散文、剧本，甚至代码的方式。

地产经纪人约翰内斯使用 ChatGPT 辅助写房屋简介，效果大概是这样的：艾奥瓦州锡达拉皮兹市的一套四居室的房屋，"有充足的空间可供放松，是理想的休闲场所"，如图 3-23 所示。在此之前，写房屋简介让约翰内斯十分头痛。在使用 ChatGPT 后，他表示，ChatGPT 给出的文本并不完美，但他只需要在发布房屋简介之前对 ChatGPT 给出的文本进行一些调整和编辑即可发布，这为他节省了大量的时间[①]。

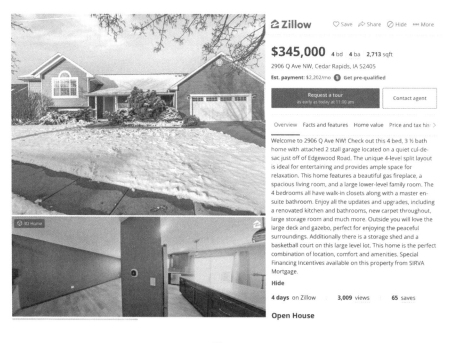

图 3-23

特斯拉 AI 和视觉自动驾驶前总监安德烈在 2022 年年底曾在推特上发文力挺 GitHub Copilot。他表示生成的绝大多数代码都可以直接运行，并且这项技

[①] 该报道来自美国有线电视新闻网（CNN）于 2023 年 1 月 28 日发表的专栏文章 *Real estate agents say they can't imagine working without ChatGPT now*，作者是 Samantha Murphy Kelly。

术已经可以帮助他写 80% 的代码。他表示自己已经无须手动写代码，只需要给
GitHub Copilot 提示词，并且对生成的代码进行适当编辑即可。

ChatGPT 的成功让腾讯的资深产品经理 "太空小孩" 嗅到了一丝危机。毕
竟，写一篇符合目标及规范的标准需求文档对于 ChatGPT 而言驾轻就熟，其写
作水平甚至超过了相当多的业内人士。同时，他也认为，产品经理的竞争力并
不只是相关知识或工作经验，其核心是洞察力和决策力，也就是做出最优判断、
实现最大收益的能力。内容领域从来不缺 "水文"，就像产品领域不缺只会坐
而论道的 "键盘产品经理"。所以，AIGC 应用在短期内无法完全取代产品经理。

各行各业的例子表明，以 ChatGPT 为代表的生成式语言模型将深刻地影响
人类的写作方式。孔子在 2000 多年前曾说："不学诗，无以言"。Outreach.io
资深科学家许子正表示，今后人们很可能在任何需要输出文字的地方，都离不
开生成式语言模型，因此将来我们面对的情况是 "不生成，无以言"。

第 4 章

"声临其境"：声音类 AIGC

通过声音，我们可以获得比文字更丰富的信息，同时也更有身临其境的感受。例如，感受到人的情绪，听到环境的声音、音乐旋律等。

1877 年，托马斯·阿尔瓦·爱迪生（Thomas Alva Edison）发明了留声机，并把录音技术推向了商业应用阶段。录音技术的出现让声音得以被保存，进而可以更好地对声音进行传播。人们利用录音技术可以捕捉现实世界中的声音，这不仅需要相关的专业设备，还对录制环境和录制人员等有一定的要求。有什么更好的方法能保存、修改和使用这些声音吗？答案或许是直接由机器合成声音。

4.1 从让机器开口说话开始

4.1.1 18 至 19 世纪的尝试

让机器模仿人类说话，在电子信号出现之前就已有事例。早在 18 世纪，德裔丹麦科学家克里斯蒂安·哥特利布·克拉岑斯坦（Christian Gottlieb Kratzenstein）因发明了一种能说话的机器而闻名于世，他发明的机器能模仿人类的五个元音。

之后，沃尔夫冈·冯·肯佩伦（Wolfgang von Kempelen）通过模仿人的发声系统设计出了一种机械式的说话机器。它用风箱模仿肺，用带有狭长小口的膜代替声门，用一个有两个可变孔洞的箱子模仿嘴，还有一套模仿嘴唇、鼻孔、舌头和腭的操纵装置等，最终实现了辅音和元音的模拟发声。

大概 50 年后，查尔斯·惠斯通爵士（Sir Charles Wheatstone）在 1837 年利用新技术改进了沃尔夫冈·冯·肯佩伦的机器，再次引起了人们对语音学的兴趣，其中就有后来全球闻名的"电话之父"亚历山大·格拉汉姆·贝尔（Alexander Graham Bell）。

4.1.2　20 世纪 30 年代，语音合成技术的萌芽

1876 年，贝尔发明了电话，彻底改变了全球通信，并因此取得了商业上的巨大成功。1880 年，法国为了嘉奖贝尔在电学上取得的科学成就，授予了他伏特奖和法国荣誉勋位勋章。贝尔用获得的奖金在华盛顿建立了专注于声音技术研究的贝尔实验室，为语音合成技术的发展埋下了新的种子。

20 世纪 30 年代，贝尔实验室开发出了声码器，可以分析和合成人类的语音信号，用于对音频数据进行处理。声码器中的解码器部分被称为 Voder，可以独立用于语音合成。如图 4-1 所示，Voder 借助电子技术，并通过模仿人的发声系统来合成人的声音。操作员需要使用腕杆、按键、脚踏板等来操纵声码器，使它发声。

1939 年，在纽约世界博览会上，Voder 在操作员海伦·哈珀（Helen Harper）的使用下展示了它的神奇，配合着主持人的提问，一个个单词从 Voder 的"口中"说出，在场者无一不为之震撼。这也是语音合成技术第一次面向公众展示。

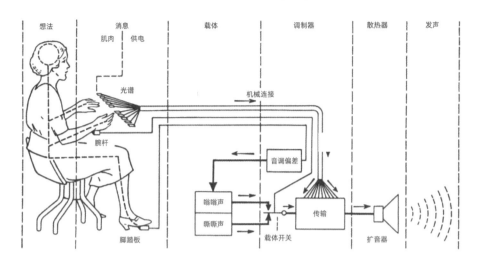

图 4-1

Voder 被认为是第一个真正的语音合成器，开创了机器合成语音的先河。同时，它的出现也让语音合成技术在公众面前大放异彩，为语音合成技术的推广起到了非常好的宣传作用。不过，Voder 的操作非常复杂，操作员需要经过几个月的长期练习，才能让机器说出大家能清楚识别的语音内容。起初有多达300 名女孩接受操作培训，但最终只有不到 30 名女孩掌握了这个操作。这些局限性让 Voder 很难支持日常生活中的应用场景，无法大规模推向市场。

4.1.3 20 世纪 50 年代，计算机语音合成系统的起源

基于计算机的语音合成系统起源于 20 世纪 50 年代后期。"计算机音乐之父" Max Mathews 在 1957 年的时候是贝尔实验室的一名工程师。他编写了一个能在计算机上合成语音的软件。1961 年，物理学家 John Larry Kelly 和他的同事开始尝试使用 IBM 704 计算机合成语音。当时，他们使用声码器合成语音，配合音乐伴奏，完成了歌曲 *Bicycle Built for Two* 的重现。这次尝试同样发生于贝尔实验室，也是贝尔实验室在语音合成研究中最著名的事件之一。

之后，基于计算机的语音合成技术不断发展。1968 年，Noriko Umeda 等人在日本的电工实验室开发出了第一个把通用的英语文本转化为语音的系统。1979 年，Allen、Hunnicutt 和 Klatt 展示了麻省理工学院开发的 MITalk 文本转语音系统。

随着语音合成技术的不断发展，语音合成的质量和效率在持续提高，合成成本越来越低，这个技术的商业应用场景越来越丰富。合成的语音始终会有非常明显的机械感，用户能很清晰地判断出合成的语音与真人声音的区别。在给用户的感受上，合成的语音还很难达到真人声音那样真实自然。

4.1.4　20 世纪末，传统的语音合成方法

20 世纪末，出现了两种传统的语音合成方法：语音拼接和基于统计参数的语音合成。

1. 语音拼接

早期的语音合成技术不够成熟，使得合成的语音的机器人感很重，导致用户的交互意愿不强。在智能外呼营销的场景中，很多用户一听是机器人在说话，就会把电话挂了，很难与机器人进行多轮对话。销售人员也就很难把产品推销出去。因此，早期在业务上应用时，人们会采用语音拼接系统来进行语音合成。

语音拼接系统不会对原始语音进行参数化，而是直接把语音切分成细粒度的语音片段，存储到一个数据库中。在语音合成时，语音拼接系统会使用一些算法在数据库中挑选出与目标文本最合适的语音片段，让它们可以顺畅地拼接到一起，得到最终的语音。

语音拼接系统有一些比较明显的问题。首先，如果需要合成的语音要用到营销场景中，数据库中的语音也是通过电话营销的语音进行制作的，那么使用

语音拼接方法合成的语音的质量会比较高,与录制的基本没有差别,但是如果数据库中的语音都来源于新闻播报,那么在数据库中可能挑选不到合适的语音片段来合成营销的语音,从而会导致合成的语音不稳定、不自然。此外,因为语音拼接需要高质量、庞大的数据库,所以语音拼接系统的移植性不太好。另外,录音人员的离职也是语音拼接系统的一个"雷点"。比如,一个录音人员离职了,在有新的录音需求时,如果让新的录音人员录制,那么机器人在与客户对话的过程中,会出现"中途换人"的情况,客户会感觉很奇怪。如果抛弃原有的声音重新找人录制,那么成本又太高。所以,基于统计参数的语音合成应运而生。

2. 基于统计参数的语音合成

20 世纪末出现了一种基于统计参数的语音合成方法。这种方法的流程如下:首先,从语音中提取一些声学特征,比如频谱、基频、时长、韵律参数等。然后,利用隐马尔可夫模型或者一个神经网络对这些参数进行建模。最后,在语音合成阶段,利用声码器将这些参数还原成语音波形。基于统计参数的语音合成的主要缺点是声音的自然度不够,机器感比较强。

4.1.5 2016 年,AIGC 打破语音合成技术的发展瓶颈

2016 年 9 月,谷歌旗下的 DeepMind 公司发布了 WaveNet 模型。WaveNet 模型是一种用于生成原始音频的深度神经网络,其训练数据是语音数据的波形。WaveNet 模型通过自我训练,有能力输出与训练数据十分接近的波形。

如果训练数据是英语,在训练后,WaveNet 模型就可以产出英语的波形。如果训练数据是德语,在训练后,WaveNet 模型就可以产出德语的波形。除了常规的语言,WaveNet 模型还可以进行音乐能力的训练。在发布 WaveNet

模型时，DeepMind 公司表示 WaveNet 模型已经可以产生听起来像古典音乐的波形了。

WaveNet 模型的出现，打破了语音合成技术多年来的瓶颈，让语音合成技术进入了一个新的阶段。WaveNet 模型在发布初期还存在计算效率不够理想，无法用于消费级场景的问题，但仅在一年之后，DeepMind 公司就推出了修订版本 Parallel WaveNet 模型，其计算效率比 WaveNet 模型提高了 1000 倍。随着模型的持续优化，这项技术正在快速走向消费级市场。

4.1.6 2017 年，语音合成技术迎来研究热

语音合成技术的发展是迅速的，在 2016 年发布的 WaveNet 模型中，输入和输出的还都是语音波形，到了 2017 年已经快速发展出了端到端语音合成技术。传统语音合成需要依赖大量的语言学知识来设定对应的逻辑进行训练。端到端语音合成技术借助深度学习模型的强表达能力，极大地降低了对语言学知识的要求，可以更容易地实现训练目的，并且还有着非常惊艳的效果。无论是对语言还是对音乐韵律，使用端到端语音合成技术都能得到高质量的训练效果。

根据不同的需求，广义的语音合成可以大致分为 TTS（Text-To-Speech，文本转语音）、语音转换、歌唱合成等。本节主要介绍目前应用范围最广的 TTS 和语音转换。TTS 和语音转换的主要区别是输入不一样，TTS 的输入是文本，而语音转换的输入是语音，两者输出的都是语音。TTS 系统可以大致分为基于传统方法的 TTS 系统和基于端到端模型的 TTS 系统，基于传统方法的 TTS 系统可以参照上面提到的传统的语音合成方法（语音拼接和基于统计参数的语音合成），下面将介绍基于端到端模型的 TTS 系统。

基于端到端模型的 TTS 系统可以分为两阶段基于端到端模型的 TTS 系统

和一阶段基于端到端模型的 TTS 系统，图 4-2 展示了它们的大致流程。如图 4-2 上半部分所示，除了文本前端模块（断句、文本归一化、分词、词性分析、多音字发音预测、韵律分析等），两阶段基于端到端模型的 TTS 系统由两部分组成：声学模型和声码器。声学模型的作用是将文本生成声学特征，声码器的作用是将声学特征转换成语音波形。如图 4-2 下半部分所示，一阶段基于端到端模型的 TTS 系统则直接将文本前端模块的输出转换成语音波形，不再需要单独设计声学模型和声码器。此外，除了用文本生成语音，用语音生成语音即语音转换也是一大研究领域。本节接下来会从声学模型和声码器、一阶段基于端到端模型的 TTS 系统和语音转换三个方面介绍语音合成的相关技术发展。

1. 声学模型和声码器

（1）声学模型。声学模型是两阶段基于端到端模型的 TTS 系统的重要组成部分。下面将介绍比较有代表性的声学模型 Tacotron 和 FastSpeech。

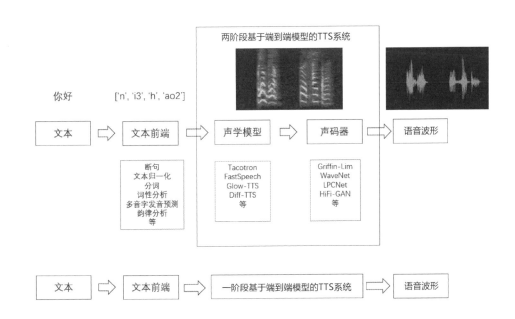

图 4-2

① Tacotron 模型。2017 年，谷歌提出了一个端到端语音合成模型 Tacotron，端到端语音合成的卖点非常快速地吸引了研究界的注意力。

Tacotron 模型的输入是文本，直接输出声学特征，再使用一个比较传统的声码器将声学特征转换成可以播放的语音波形。Tacotron 模型是一个基于编码器和解码器架构的模型，同时还利用了自注意力机制。它的缺点也显而易见，就是它的声码器用了一个基于信号处理的比较简单、传统的方法，因此也就有了后面的 Tacotron2 模型。Tacotron2 模型把声码器替换成了基于神经网络的算法，还对一些细节进行了修改，最终合成了与人的声音非常像的声音。

Tacotron 模型还有一个问题，因为它是自回归模型，模型的输出依赖于过去的输出，所以它的合成速度很慢，在一些对实时性要求比较高的场景中很难应用。

② FastSpeech 模型。由于结构问题，虽然 Tacotron 模型可以合成高质量的语音，但合成速度不尽如人意。2019 年，浙江大学和微软推出了 FastSpeech 模型。这是一个基于 Transformer 的新模型，通过并行化生成声学特征[①]，可以有效地提高合成速度，比 Tacotron 模型在生成声学特征上快 270 倍，在合成语音的全流程上快了 38 倍。研究人员还引入了一个时长模块可以有效地控制语音的语速，保证合成质量不受影响。

FastSpeech 模型采用的知识蒸馏的训练方式使得训练时间较长、信息容易丢失，从而影响合成的语音。针对这个问题，研究人员推出了可以加快训练速度的 FastSpeech2 模型。

（2）声码器。两阶段基于端到端模型的 TTS 系统的另一个重要的组成部分

---

① 更多 FastSpeech 模型的内容请查阅浙江大学和微软发表的论文 *FastSpeech: Fast, Robust and ControllableText to Speech*。

就是声码器。由于声学模型输出的声学特征损失了语音的相位信息，所以需要声码器将声学模型输出的声学特征转换成语音波形。现在的声码器主要分为两种：基于信号处理算法的声码器和基于深度学习的声码器。基于信号处理算法的声码器简单轻便，但合成的语音的质量堪忧。基于深度学习的声码器则利用神经网络学习声学特征和语音波形的对应关系，合成的语音的质量更高。下面介绍声码器的代表：基于信号处理算法的 Griffin-Lim 和基于深度学习的LPCNet 与 GAN。

① Griffin-Lim 算法。1984 年，Daniel W. Griffin 和 Jae S. Lim 提出了Griffin-Lim 算法。这是一种利用信号处理相关算法进行不断迭代的声码器算法。Tacotron 模型最开始就选用 Griffin-Lim 作为自己的声码器。

② 声码器 LPCNet。2018 年，Mozilla 和谷歌联合推出了一个将信号处理和神经网络巧妙结合的声码器 LPCNet。信号处理的方法有着速度快但合成的语音的质量不佳的特点，而彼时的基于神经网络的方法虽然合成的语音的质量好，但实时性往往满足不了应用的要求。LPCNet 将这两种方法的优点进行了结合，最终达到了"多快好省"的效果，在 CPU（Central Processing Unit，中央处理器）上就能快速地合成高质量的语音。

③ GAN 模型。GAN 作为一个生成模型在语音合成领域也大放异彩。2019年的 MelGAN 模型加快了合成速度但牺牲了合成的语音的质量，那有没有一种GAN 模型既能保证合成的语音的质量又能保证合成效率呢？2020 年，韩国Kakao Enterprise 公司的研究人员提出的 HiFi-GAN 模型就兼顾了合成质量和效率，它基于语音信号是由多个不同周期的信号组成的理论，设计了很多子鉴别器来对应这些周期信号，达到了比较好的效果。这种模型架构支持并行处理，加快了合成速度，在型号为 V100 的 NVIDIA GPU 上可以用比实时速度快 167.9倍的速度生成采样率为 22.05kHz（FM 广播的音质）的语音。

2. 一阶段基于端到端模型的 TTS 系统

两阶段基于端到端模型的 TTS 系统往往需要根据声学模型的输出来微调声码器才能得到较好的效果，训练步骤较为复杂，为了优化这个问题，一阶段基于端到端模型的 TTS 系统应运而生。下面将介绍两个具有代表性的一阶段基于端到端模型的 TTS 系统：VITS 和 FastDiff-TTS。

（1）VITS 系统。2021 年，韩国科学技术研究院和 Kakao Enterprise 公司推出的 VITS 系统可以算是一阶段基于端到端模型的 TTS 系统的里程碑。它的优点比较明显，训练步骤简单，合成的语音的自然度也达到了业内领先水平。

（2）FastDiff-TTS 系统。扩散模型在图像领域中大放异彩。2022 年，浙江大学和腾讯推出了 FastDiff-TTS 系统，并且在速度上进行了优化，成功地将扩散模型应用在语音合成领域。

3. 语音转换

不知道你有没有幻想过拥有一个柯南的变声蝴蝶结？这个梦想可以因为语音转换这项技术成真了。语音转换是保持语音内容不变，将一个人的声音转换成有其他音色的声音，这里的音色可以是不同的人说话的声音、说话风格、情感、歌唱技巧、口音和方言等。语音转换可以根据深度学习训练所使用的语料分为两类：基于平行语料的语音转换和基于非平行语料的语音转换。

一些语音转换系统需要平行语料用于训练。平行语料指的是，源语音和目标语音的文本内容完全一致的语料。举个例子，如果我们想训练一个把柯南的声音变成毛利小五郎的声音的语音转换模型，那么需要柯南说 100 句话，同时也要让毛利小五郎说相同内容的 100 句话，柯南说的 100 句话和毛利小五郎说的 100 句话就组成了平行语料。深度学习可以通过找它们之间的映射关系完成语音转换。基于平行语料的语音转换系统的局限性显而易见，就是对语料的限制多，很难获取平行语料。因此，基于平行语料的语音转换系统不太容易普遍应用。

为了减少基于平行语料的语音转换系统对语料需求的限制，人们开始了对基于非平行语料的语音转换系统的研究。非平行语料指的是，源语音和目标语音的文本内容不完全一致的语料。如果还举柯南和毛利小五郎的例子，这次柯南和毛利小五郎不用说一模一样的话了，用内容不一样的话训练模型也能完成语音转换。

随着全球各地的研究人员认识到端到端语音合成技术的强大和发展潜力，语音合成技术迎来了一轮研究热，得到了快速发展，合成接近人声的高质量语音已经成为当前智能语音系统的基本要求。随着模拟特定口音、情绪和风格的逐步实现，智能语音系统也同时具备了多语言、音乐和歌曲的合成能力。人们已经越来越难以分辨出听到的声音到底是真人发出的还是机器发出的了。

4.2　音乐类 AIGC

音乐源于生活，表现生活，根植于时代文明的土壤，却又连通那富饶的精神世界。实际上，科技一直参与音乐的演进。从音乐技术史的角度来看，在整个人类历史上，音乐的发展有 3 个重要的技术节点，其一是录音（留声）技术的发明，其二是个人计算机在音乐制作中的使用，其三则是音乐类 AIGC 的出现。

4.2.1　从留声机到个人计算机制作的电子音乐

过去的部落音乐是即兴的，人们根据不同的场景进行不一样的音乐创作和表现，这种音乐的非重复性在当今的许多部落文化中依然保留着。在中世纪，你想接受神圣的洗礼，就需要到大教堂中，将自己沉浸在管风琴和唱诗班那宏大的叙事诗中。随着钢琴等乐器的发展，人们有了更多享受音乐的机会，但依然需要有人来演奏。留声机和录音技术的发明彻底改变了这一局面，音乐从演奏中正式分离，天南海北的音乐涌入了寻常百姓家。

继录音技术之后，个人计算机在音乐制作中的使用带来了又一轮音乐平民化的浪潮。如图 4-3 所示，录音棚和调音台微缩成了个人计算机上的一款数字音频工作站（Digital Audio Workstation，DAW），于是才有了这么多现代意义上的音乐人和歌星。

20 世纪 80 年代以后，计算机技术的使用让电子音乐崛起。借助个人计算机，人们得以从频谱上理解和分析音乐，也逐渐通过精确地设计谐波的分布来制造新的乐器，设计新的音色。

图 4-3

使用现代的 DAW，如图 4-4～图 4-6 所示，每个人都可以在计算机上载入虚拟的音色模块来模拟各种各样的乐器的声音，或者生成新的声音。这大大地降低了音乐制作的门槛，也推动了嘻哈文化等席卷全世界。

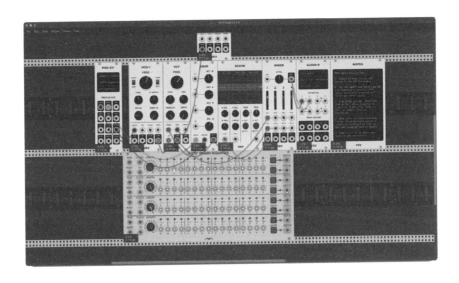

图 4-4

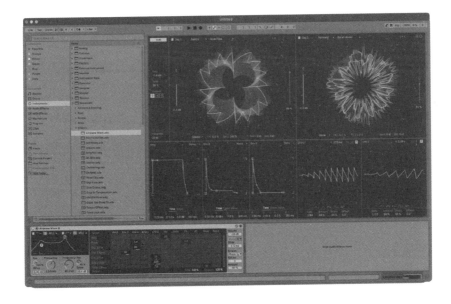

图 4-5

图 4-6

我们已经看到了 AIGC 的巨浪在远处酝酿，并在一路上积累势能，它已经离我们很近了。

4.2.2　早期的音乐类 AIGC

David Cope 是算法音乐的鼻祖，在于加利福尼亚大学圣克鲁斯分校任音乐学教授时，尝试使用算法（其中也包括使用一部分早期的神经网络模型）来对既有的曲谱进行分析，并基于既有的曲谱生成风格相近的全新音乐。

基于"信号处理的规则、一定的随机算法（包括使用分形算法的弱随机规则）"的思路，后来也被大范围用在了电子音乐的制作中。如图 4-7 和图 4-8 所示的 Max for Live 插件应用，基于规则的函数式编程的方式为既有的音频信号生成不同的变体。

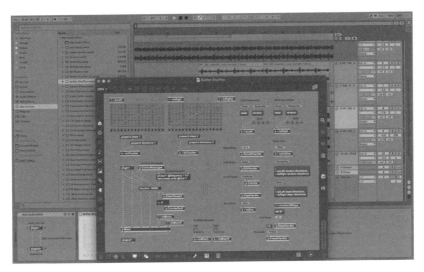

图 4-7

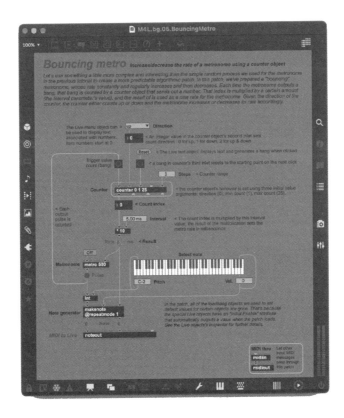

图 4-8

谷歌也曾沿着这条道路，以巴赫所做的乐谱为训练数据，训练了 DeepBach 深度学习模型，它能生成各类巴赫曲风的新乐谱。

2017 年，Google Brain 推出了专注于生成音乐类 AIGC 的 Magenta 项目（如图 4-9 所示）。同年，很多高校、科研公司、创业团队（如 Aiva.ai，以及如图 4-10 所示的笔者创立的不亦乐乎科技 enjoymusic.ai）也都加入了这个赛道进行研究并参与竞争。2017—2021 年，大部分音乐类 AIGC 项目仍然聚焦在音乐信息获取（MIR）、符号化乐谱的分析和生成，也有一些在 AI 层面对音色进行研究。

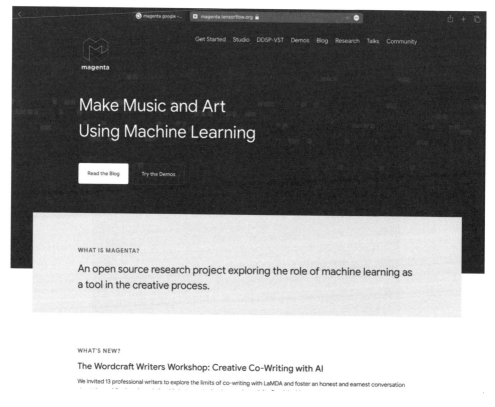

图 4-9

音乐信息获取的目标是在既有的音乐中获取所需的特征，用于节拍匹配、场景分析、风格识别等。你在音乐流媒体平台上听得越多，算法就越了解你喜欢什么风格的音乐。这一方面得益于推荐算法的应用，另一方面则依靠对现有音乐各维度信息的识别和匹配。

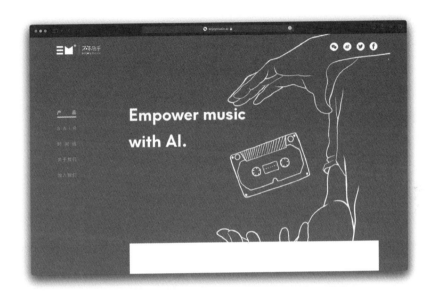

图 4-10

生成音乐类 AIGC 可以使用两种音乐数据文件。一种是乐谱文件。我们可以把乐谱简单地理解为用一种特殊的语言写成的文件，可以将其中不同的音高、音长等编码成不同的字符。另一种是数字音频文件。比如 CD 上存储的数字音乐。完整的数字音频文件是一个用数字化手段记录波形信号的文件，如按照 44 100Hz 采样频率采样一个声道的音频信号，即每一秒的音频都会采样生成 44 100 个采样数据。对于同一段音乐，乐谱文件的数据量比数字音频文件的数据量显著减少，从而降低了训练成本，但仅依靠对乐谱分析而生成的音频文件比较呆板，还需要进行音色的加工（一般通过 DAW 再次合成）才能成为大众可听的音乐，这也给音色留下了自由的空间。在实际应用中，我们可以为单调的音乐添加或转换音色，比如用户可以录制哼唱音频，通过模型给录制的哼唱音频添加萨克斯的音色，于是就获得了一段惟妙惟肖的用萨克斯演奏的音频。

人们将经过优化的 LSTM 模型、GAN 模型、VAE 模型等用于训练符号化乐谱，并结合一定的后处理规则算法，在古典、Soul、钢琴独奏曲等特定的风格上取得了较好的效果，并在可商用版权音乐、视频配乐等场景中找到了落地场景。

4.2.3　端到端模型大展身手

早在 2018 年，如图 4-11 所示，OpenAI 就将基于 LLM 的端到端模型生成的音频发布到了 SoundCloud 平台上，那时的作品的解析度模糊，杂音严重，但却让人们看到了泛用性模型的无限潜力。

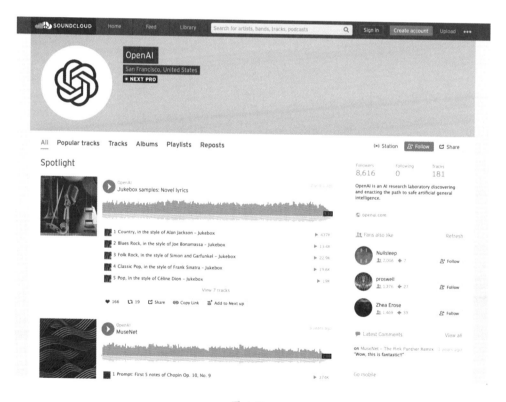

图 4-11

2023 年伊始，谷歌发布了能使用文本提示词生成音乐的 MusicLM 模型，展示的示例音乐在听感上比过去有了大幅提高，并且由于训练数据丰富，MusicLM 模型可以直接生成带有人声的片段。虽然其中的人声有着语义上的问题（或许还有版权风险），但是 MusicLM 模型完全跑通了可控的泛用性音乐生成的链路。

然而，像所有的 LLM 一样，MusicLM 模型也有着极高的算力要求，这对于行业中的科研机构、创业公司及其他新入局的玩家来说，机遇和挑战并存。

4.2.4　歌声合成

相信不少人在听到歌声合成时都会想起火遍全球的虚拟歌姬——初音未来。初音未来的音色是以 Yamaha 的 VOCALOID 语音合成引擎为基础创造的。

歌声合成和 TTS 的技术原理有一定的相似性，也是通过模型生成所需的旋律。

郭靖创办的时域科技旗下的产品 ACE Studio（如图 4-12 所示）是一款有 AI 能力的虚拟歌声合成的编辑器，在国内和国外都有不少忠实用户。2019 年从微软独立出来的小冰团队也在 AI 唱歌上做了不少技术积累，并将其用在大型晚会的数字人的表演中。他们还打造了自己的虚拟产品——小冰岛，用户可以在其中与数字人互动，听它们唱歌，甚至玩"养成游戏"。

除了歌曲的演唱，歌声合成还用在了 AI 修音、噪音美化、缺失的歌曲唱段修复等场景中。

图 4-12

4.2.5　音频延续

音频延续是随着短视频行业兴起、各类智能化视频编辑工具的诞生而被逐步应用的，综合运用了音乐信息获取、音频合成技术。在 Adobe Premium 等编辑器中，我们可以将背景音乐片段自动延长，以智能适配所需的视频片段。机器学习模型会识别既有音乐的节拍、BPM（速度）、章节等信息，将音频分成多个可重复组合使用的片段。当用户延长音轨的时候，算法将自动复制并拼接不同的片段，通过智能的淡入淡出（cross-fade）方案整合这些片段。这些技术也被综合运用在了智能卡点、背景消噪等方面。

4.3　人声类 AIGC

本节将介绍语音合成在变声器、语音助手、有声内容创作、智能电话机器人、教育和无障碍沟通上的应用。

4.3.1 变声器

变声器采用语音转换技术，可以把一个人的声音变成另外一个人的声音。现在的语音转换技术大体上可以分为两种，一种是基于信号处理的，另一种是基于深度学习的。基于信号处理的语音转换技术一般是通过调整语音的基频和共振峰从而实现变声的效果，虽然最终合成的语音可能不自然而且效果因人而异，但它对计算资源的消耗很低且实时性高，所以现在很多软件或者设备的实时变声功能还是采用这种简单的基于信号处理的语音转换技术。基于深度学习的语音转换技术可以使合成的语音更清晰、更自然，并且与目标音色的相似度也较高。很多研究机构尝试对基于深度学习的语音转换技术在实时性和所消耗的计算资源上进行优化，并达到了可以落地的效果。

在直播场景中，变声效果可以很好地帮助主播和粉丝进行有趣的互动。2021 年，如图 4-13 所示，快手在 AcFun 直播场景上线了两种 AI 声音：软妹音和憨憨音。这两种声音可完美地支持用户实时使用，受到了广大主播的好评。

如图 4-14 所示，在播放有声小说时，喜马拉雅 App 给用户提供了 4 种播放音效：超重低音、剧院混响、恐怖悬疑和深沉抒情。

图 4-13

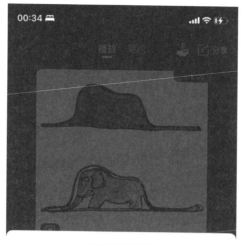

图 4-14

4.3.2 语音助手

1. 电话接听助理

电话接听助理可能就藏在你的智能手机里。比如，小米手机中的小爱通话就可以帮忙接听电话，如图 4-15 所示。我们可以选择接听的音色，同时还可以定制自己的语音包，让机器人用我们的音色来接听电话。当有人来电时，小爱通话会在无人接听一定时间后开启智能接听，我们也可以在如图 4-16 所示的界面中自主进行选择，之后的通话内容会在如图 4-17 所示的界面中展示。我们可能会受到各种电话打扰，比如广告、推销、诈骗等骚扰电话，使用小爱通话的代接电话功能就能轻松地应对这些骚扰电话。一些智能手机内置的语音助手，最初只具有对通话录音、简单提示等功能，但随着 AI 技术的加持，现在已成为能提供语音服务的机器人，成为我们工作、学习、生活的得力助手。

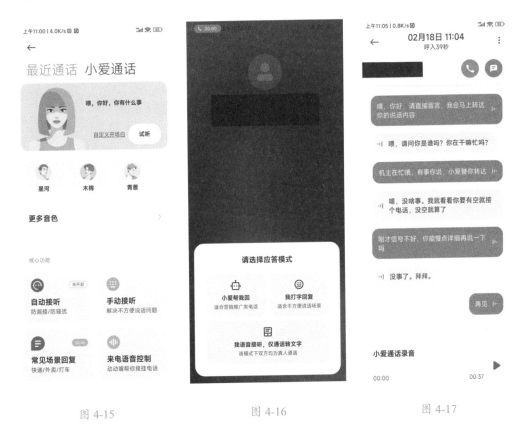

图 4-15   图 4-16   图 4-17

2. 导航

诸多导航工具都开始支持语音包个性化定制。用户只需要提供少量干净的录音数据，很快就能拥有录制音色的定制语音包了。百度地图利用先进的语音技术在出行服务方面极大地提高了用户体验。百度地图攻克了以往使用专用录音棚、录制语料多、制作时间长等诸多难题，实现了用户自主、简便的个性化语音定制。用户打开智能手机中的百度地图 App，点击"录语音包"按钮，然后按照提示，就可以轻松地录制专属语音包了。如图 4-18 ~ 图 4-20 所示，用户通过录制 20 句话的经典选择或者录制 3 ~ 9 句话的极速模式等，便能生成个性化的专属语音包，并且在百度地图的各种语音场景中使用。

图 4-18

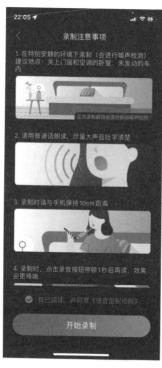

图 4-19

图 4-20

4.3.3 有声内容创作

1. 有声读物

2018 年，以喜马拉雅为代表的在线音频平台崛起。随着互联网音频消费用户的增加，各类音频 App 涌现，比如懒人听书、蜻蜓 FM、荔枝、小宇宙和番茄小说等。

在激烈的竞争之下，听书体验越来越重要，高质量的听书体验成为各个在线音频平台的一项核心竞争力。借助 AI 技术手段，喜马拉雅在该领域中一直保持领先。

喜马拉雅借用有声书演播者喜道公子的声音开发了一位虚拟音频主播：喜小道。喜小道除了为有声小说赋能，还与真人配音演员配合，共同参演了多人有声剧《深空彼岸》。另外，喜小道与 AI 续写应用"彩云小梦"联手，打造了从内容创作到有声演播的全流程 AI 电台。

无独有偶，番茄小说也深谙技术就是第一生产力的道理，打造富有感染力的高拟人化音色。火山引擎的语音合成技术在番茄小说各个业务的历练下，让合成的语音逐渐摆脱机器人听感，实现了自然而生动的 AI 音色。同时，番茄小说的 AI 朗读功能还能结合对小说上下文的理解，让朗读过程与小说情节紧紧相扣，给用户带来沉浸式体验。

2. 视频配音

"注意看，这个男人叫小帅"。在短视频平台上看过电影解说的人可能对这句话很熟悉，可能还会有以下疑问，怎么同一个人在不同的账号里解说了这么多电影？其实这个声音来自微软的 AI 配音演员云希，其原始声音来自知名配音演员 Kinsen。不过，云希在不同的软件中拥有不同的名字，比如在剪映 App 里叫解说小帅、在朗读女里叫齐光、在九锤配音里叫云飞羽。

目前，有不少软件都支持 AI 配音，例如抖音官方推出的视频剪辑软件——剪映。用户可以使用剪映中的图文成片功能，输入写好的文案，选择文字配音音色，剪映就能智能匹配相关图片与视频并自动生成字幕和配音，操作无门槛，深得短视频制作用户的喜爱，如图 4-21 ~ 图 4-24 所示。截至 2023 年 2 月，剪映里的可选音色涵盖了特色方言、趣味歌唱、萌趣动漫、女声音色和男声音色。

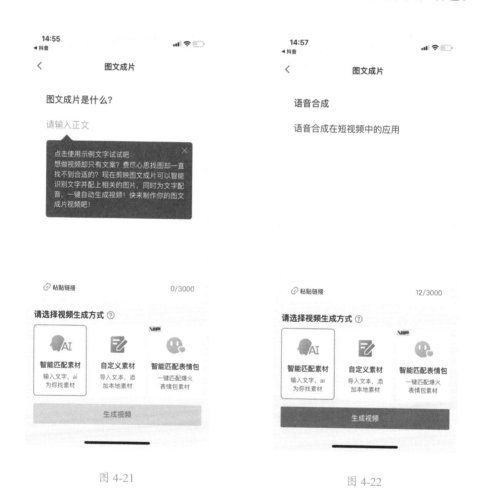

图 4-21   图 4-22

图 4-23

图 4-24

3. 音效

自从 OpenAI 推出 DALL·E 模型和 DALL·E-2 模型以来，在文本生成图片和文本生成视频领域中，多模态大模型的视频生成能力已取得了里程碑式的进展。那么多模态大模型在音频生成领域的现状是什么样的呢？

2023 年 1 月，浙江大学、北京大学联合火山语音，共同推出了一款音频合成类 AIGC 系统，即 Make-An-Audio。其能根据输入的内容（文本、音频、图片、视频），输出符合输入内容描述的音频。随着 AI 技术进步和高质量数据资源的积累等，音效类 AIGC 势必将在音视频创作等方面发挥重要作用，人人成为专业音效师也可能不再是梦想。

4.3.4 智能电话机器人

近年来，各行各业都纷纷开展智能电话机器人业务，从而实现降本增效、智能营销。科大讯飞、阿里巴巴、百度等互联网厂商和语音厂商都具备了提供智能电话机器人服务的能力。智能语音服务在智能电话机器人中起着举足轻重的作用。智能电话机器人主要可以满足以下两类需求：用户咨询和主动服务。用户咨询指的是用户拨打客服热线，机器人可以全天候提供自助语音服务；主动服务指的是企业可以主动拨打客户的电话进行回访、营销和催收等操作。

智能外呼机器人综合利用了语音识别、自然语言理解和语音合成的技术，是智能电话机器人最为成熟的应用之一。早期的语音合成技术生成的语音呆板、生硬、机械，缺少感染力，与真人语音相差很多，用户很可能会产生厌烦心理。随着语音合成技术迅猛发展，合成的语音变得更加自然、生动，更具个性化，更接近真人的语气、语调、语速。驰必准的智能外呼机器人专注于外呼场景的智能服务，能与客户进行流畅交谈，同时依托发音人音色自训练平台，可以生成专属音色的语音，更好地服务于实际应用场景。在电商年度大促活动期间，驰必准为多个品牌提供了定制化的智能外呼方案，助力品牌销售。京东智能客服言犀在语音合成方面能实现指定字词的重读功能，同时韵律控制能力也得到了提高，生成的音频更加拟人化，为商家、京东物流提供了高质量的语音服务。

4.3.5 教育

2020 年，流利说推出了一位由智能对话技术赋能的 AI 外教——Alix。流利说在合法合规的前提下，已经积累了大量的中国人说英语的真实数据，利用先进的 AI 算法，开发了一套"千人千面"的英语教学系统。在教学中，该英语教学系统根据学生的学习效果，实时调整教学策略，让学生及时得到有效的个性化辅导。同时，学生发音不标准的问题在"纠错、领读、巩固"的闭环中也会得到有效解决。另外，因为 Alix 是 AI 外教，所以可以随时随地、全天候地进行英语陪练，有效地增加学生的实战经验。如图 4-25 所示，在学生发音不标准的时候，Alix 会及时指出，让学生跟读正确的发音。为了让学生充分练习口语，如图 4-26 所示，在做选择题的时候，Alix 会用 AI 合成的语音进行提问，并让学生把整个句子和正确选项都念出来。学生就像与真人外教交流一样。

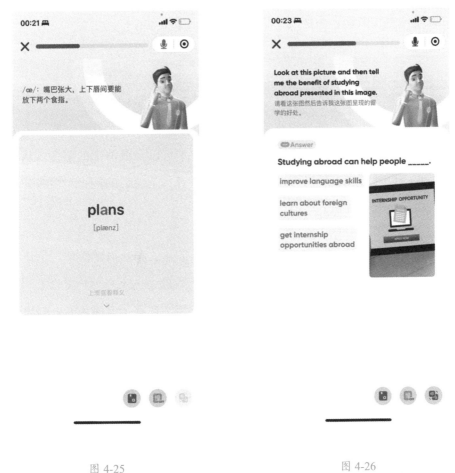

图 4-25   图 4-26

同时，专注于素质教育的在线学习平台学而思网校让 AI 老师的语音充满了情感。当一个学生答对了一道题时，AI 老师会用一种鼓励、赞扬的语气对他进行表扬。这种正反馈对学生的学习起到了比较重要的作用。如果用的是通用的机器人声音，那么学生可能没有感受到被老师真正表扬，正反馈的作用会减小，所以学而思网校也会提供真人老师的定制化语音，让 AI 老师用真人老师的音色对孩子进行表扬。

此外，好未来还把语音和视频相结合的多模态技术应用到了数字人知音姐姐身上，能够用语音驱动知音姐姐的面部表情和嘴型变化，使知音姐姐的面部表情更加自然、生动，为实现个性化教育做出了贡献。

4.3.6 无障碍沟通

语言障碍者很难完整地说出简短的一句话。很多人只能发出一些简单的音节，与正常人用语音交流很困难。语音合成技术可以合成清晰的语音，从而提高了语音的可理解性，所以可以帮助语言障碍者具备说话的能力。很多公司与研究机构为此做了尝试。

2022 年 5 月，如图 4-27 所示，小米公司举办了声音捐赠活动，给语言障碍者提供了一个可以用自己的声音与世界交流的机会。小米 AI 实验室利用超自然语音合成技术，让一位语言障碍用户"阿卷"拥有了专属声音，与之前的机械感电子声音相比，新的声音自然、流畅、拟人程度更高。"小米闻声"是一款面对面无障碍沟通的 App，阿卷只需要在该 App 里输入文字，该 App 就可以帮他念出来。阿卷可以选择小米现有的音色，也可以利用自己定制的音色。此外，"小爱通话"也可以帮他实现用语音实时地与对方进行无障碍的远程通话。在接通电话后，他在手机上编辑好文字内容，"小爱通话"就能很快地帮助他合成对应的语音播放给打电话的另一方，对方说的话除了通过手机播放，还会通过语音识别技术实时地显示在阿卷的手机屏幕上。这也给听力障碍者带来了方便。

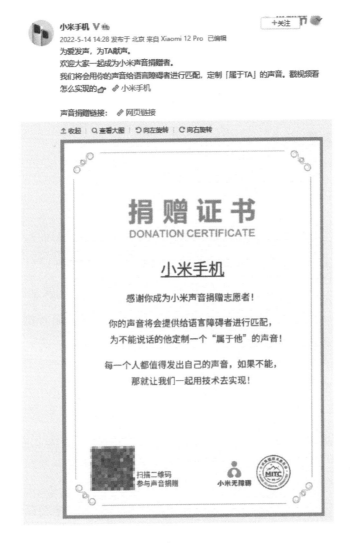

图 4-27

2019 年 4 月 25 日，一项关于脑电波转语音的研究成果发表在了 *Nature* 杂志上，神经科学家设计的先进的脑机界面可以根据个人大脑的活动生成完整的口语句子。在具体流程上，科学家为用户接入侵入式电极，在用户连续说话的时候，侵入式电极会收集来自嘴、下巴、舌头和喉头的脑信号，神经网络将这些脑信号解码为一些发音器官的运动特征和语音特征，脑机界面最终会根据这些参数合成语音。

4.4 声音类 AIGC 的未来

4.4.1 业内观点

1. 如何看待 AI 技术的发展

技术的发展是必然的，这些技术出于解放生产力的目的而被研发。这本无恶意。如果技术只被少数人掌握而不被大众所知，那么这种信息差反而可能造成可怕的后果。此外，我相信会出现一些 AI 判别技术，也就是由另外一个 AI 系统来分辨一张图片或者一段音频的真伪。总之，我相信随着技术的发展，我们能够重新寻找到一个平衡点。[①]

——YQ 之神

2. AI 创作的音乐能超越人类创作的音乐吗？AI 可以创作一种全新的音乐风格吗

音乐之所以迷人，是因为它很难精确描述和与情感直接关联。因此，我们目前很难用标准的评价方式认定什么样的音乐算是真正超越了人类创作的音乐。AI 与人类艺术家有不一样的"思维结构"，因此由 AI 创作全新的音乐风格是极为可能的——这些音乐风格源于人类已有的音乐风格。AI 将这些风格作为训练数据，为音乐开拓了全新的空间。或许有一天，AI 学会了从大气环流指

---

① 本段话来自 YQ 之神发布在哔哩哔哩专栏上的文章《赛博女友，完美变声，如今 AI 语音有多超乎想象？》。

数中获取创作最美妙的音乐的灵感。时间会带我们和艺术一起进化。

——Race，不亦乐乎科技创始人，本书作者之一

4.4.2 声音类 AIGC 的局限性和未来展望[①]

1. 局限性

声音类 AIGC 在各行各业和人们的生活中发挥着日益重要的作用，但也面临着不少挑战：

（1）智能语音领域的人才建设尚需加强，缺乏创新型人才。

（2）核心技术还有待进一步发展，数据资源还不够多，数据准确度有待进一步提高，模型仍需完善，模型训练有待进一步加强，这些都在一定程度上影响着生成的音频的质量。

（3）相关的政策、法规、标准、监督管理等还不够完善。例如，提供 AI 语音服务的公司积累了大量的语音数据，如果不加强管理和保护，就可能造成数据和隐私泄露，为不法分子所利用等。

2. 未来展望

（1）从应对单一应用场景到应对复杂应用场景。

（2）从集中计算到大规模分布式计算，从小团组开发到大规模协同开发。

[①] 此处参考了中国信息通信研究院和京东探索研究院发布的《人工智能生成内容（AIGC）白皮书（2022年）》。

（3）数字人与现实世界深度融合，实现自我生成、自我发展、自我创新。

（4）应用场景更加多元化，从传统的金融、电商等领域逐步拓展到经济生活全领域。

（5）生态环境进一步优化，完善包括人才、金融资本、标准建设、政策法规、监管等的生态体系结构，使其合规合法高速发展。

人尚未呱呱落地就拥有了听力。当用优美的音乐和儿歌进行胎教时，我们是否意识到美妙的声音对人的成长多么重要、人类为了寻找美妙的声音付出了多大的努力？巴赫、莫扎特、贝多芬等音乐家的努力使世界变得更加精彩。从18世纪克拉岑斯坦发明一种能说话的机器开始，人类寻找美妙的声音有了新的方向，也许以后无数大师可以"重现""复活""得以永生"。

第5章

如你所见：图片类 AIGC

2022 年 8 月，一场由美国科罗拉多州博览会举办的年度艺术大赛令 AI 绘画出圈。一幅使用 AI 绘画工具 Midjourney 生成的数字油画《太空歌剧院》夺得了这场比赛的第一名。这幅作品的参赛者并没有绘画基础，而是完全用 AI 绘画工具完成了这幅作品。

一时间，AI 再度成为舆论焦点，也由此激发了人们对 AI 绘画的兴趣。各种 AI 绘画工具迅速破圈，于是乎，"AI 绘画元年"这个称号似乎非 2022 年莫属。

5.1 从计算机艺术到算法模型艺术

2022 年，AI 绘画技术取得了连续性突破。从 CLIP 模型基于海量标记的互联网图片训练大成，到第一个基于扩散模型的 AI 绘画工具 Disco Diffusion 出现，以及 2022 年下半年 DALL·E 2、Stable Diffusion 模型和 Midjourney 大放异彩……这一切似乎都令人目不暇接。

事实上，AI 绘画技术并不是近几年才出现的，但近几年，AI 绘画技术的突破性发展足以载入史册。

5.1.1 20 世纪 70 年代，艺术家的午夜花园

如果要追溯 AI 绘画的历史源头，恐怕是在 20 世纪 70 年代。一位来自加利福尼亚大学圣地亚哥分校的教授哈罗德·科恩（Harold Cohen）编写了一个名为"AARON"的计算机程序，以一种复杂的编程方式来控制一个机械手臂作画。他同时也是一位艺术家。

他对 AARON 的改进持续了几十年，使它掌握了绘制三维物体的方法，能够使用多种颜色进行绘画。尽管如此，AARON 的绘画风格始终是色彩艳丽的抽象派，而抽象派的绘画风格，正是哈罗德·科恩本人的风格。

他对这种 AI 系统的创作能力非常感兴趣，并将其视为艺术创作的合作者。AARON 用黑色和白色绘画，而他则手动填色。

可以说，他用了几十年的时间，把自己对艺术的理解通过 AARON 指导机械手臂呈现在了画布上。

5.1.2 2012 年，一次有突破意义的尝试：猫脸的识别与生成

2012 年，来自谷歌的几名研究人员进行了一场空前的试验：用 16 000 台计算机一起找猫。他们将 16 000 台计算机的处理器连接起来，建造了一个大规模的自主学习神经网络系统。对来自 YouTube 的 1000 万张图片训练了数天后，该神经网络系统已经能从众多图片中辨识出其中的一只猫。

尽管这看上去有些无聊，但不得不承认这次试验开创了自主学习神经网络的历史先河。以前，训练网络都是对图片或者影像贴标签，然后通过有监督学习的方式用"标记数据"进行训练，但谷歌的神经网络系统则通过机器自主学

习的方式，这也是这次试验最特别的地方。研究人员从未告诉过该神经网络系统什么是猫，甚至从未在任何有猫的图片上进行标记。

使用 1000 万张图片训练后，该神经网络系统的每一个神经元都对具有猫的特征的图片有着强烈的反应。通过机器自主学习，该神经网络系统最终合成了一张模糊的猫脸图片，如图 5-1 所示。

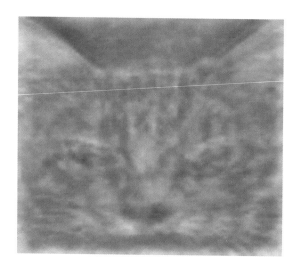

图 5-1

毫无疑问，该神经网络系统的训练效率和输出质量在现在看来都不值一提，但对于当时的 AI 学术界来说，这的确是一次具有突破意义的尝试。

5.1.3 2014 年，GAN 模型问世

继谷歌的猫脸试验之后，2014 年，AI 学术界产生了一个令人振奋的深度学习模型：GAN。

顾名思义，生成对抗，即模型中的两个部分互相对抗博弈，这两个部分分别是"生成器"和"鉴别器"（生成器和鉴别器的具体内容请查阅 2.3.1 节）。

生成器使用输入数据生成图片，并将其混入原始数据一同递交给鉴别器，目的是"骗过"鉴别器；鉴别器则判断这张图片是真实的还是机器生成的，目的是找出生成器做的"假数据"。

GAN 模型一经问世便风靡整个 AI 学术界，它的提出者伊恩·古德费洛（Ian Goodfellow）被誉为"GAN 之父"。随后，产生了很多基于 GAN 模型的 AI 绘画模型，例如创造性对抗网络（Creative Adversarial Network，CAN），大大地推动了 AI 绘画的发展。

但是，用基础的 GAN 模型进行 AI 绘画有比较明显的缺陷：训练难度很大；对输出结果的控制力很弱，容易产生随机图片，且输出结果缺乏多样性；在多类别、多语义、多场景下建模能力较弱。举个例子，如果只有猫或者狗的数据，那么 GAN 模型的图片生成效果很好，但如果把猫、狗、花朵、桌子、椅子等不同种类的数据放在一起，那么目前 GAN 模型得不到一个较好的结果。

5.1.4 2017 年，梦始于 Transformer 模型

2017 年，谷歌发布了一篇名为 *Attention is all you need* 的论文。在这篇论文中提到了一个 NLP 领域的全新模型，即 Transformer 模型。Transformer 模型能找出图片中的重点，用人类的思维对图片划重点，对数据降维。

后面提到的 OpenAI 发布的 DALL·E 和 CLIP 两个模型都利用 Transformer 模型达到了较好的效果，前者可以基于文本直接生成图片，后者则能完成文本与图片的匹配。

5.1.5 2021 年，文本与图片进行匹配：CLIP 模型和文字提示词

2021 年年初，OpenAI 发布了广受关注的 DALL·E 模型。此时，AI 绘

画工具具备了一个重要的能力：根据输入的文字提示词（Prompt 词组）进行创作。

随着 DALL·E 模型的诞生，另一个新的模型也出现了。OpenAI 在 2021 年 1 月开源了新的深度学习模型 CLIP——一个截至 2023 年 2 月 10 日最先进的图片分类的 AI 模型。

Prompt 词组最初在 NLP 领域被提出，其主要作用是对更多的任务进行统一建模，从而实现使用一个模型学习到更多的知识。特别是在文本生成图片领域，Prompt 词组必不可少。

Prompt 词组示例："IT professionals working in a server room"（在机房中工作的 IT 专业人员），绘画风格提示词为"A Van Gogh-style"（梵高风格），生成的图片如图 5-2 所示。

图 5-2

有了 Prompt 词组，CLIP 模型便解决了从"文本"到"图片"的生成，让文本与视觉图片真正地连接在一起。

CLIP 模型的训练过程就是使用已经标注好的"文本–图片"训练数据，一方面对文本使用一个模型进行训练，另一方面对图片使用另一个模型进行训练，不断地调整两个模型的内部参数，通过各种各样的复杂计算，让原本匹配的文本和图片正相关。

通过广泛散布在互联网上的"文本–图片"数据，以及大量的训练时间，CLIP 模型终于修成正果：给定任何一个文本，都能返回与之相关性最高的图片，给定任何一张图片，都能返回与之相关性最高的文本描述，从而实现了文本与图片的真正匹配。

5.1.6　2020—2022 年，图片生成技术开启 AI 绘画元年：扩散模型

在经历了 GAN 模型的生成结果不尽如人意之后，研究人员开始注意到了另一种模型，即扩散模型，又称扩散化模型。

与 2014 年声名鹊起的 GAN 模型相比，扩散模型降低了图片生成模型的训练难度，还能生成更多元、质量更高的图片。

2021 年 1 月，OpenAI 发布了 DALL·E 模型并在论文中宣布扩散模型击败了 GAN 模型，为工程界指明了方向，奠定了扩散模型在技术发展中的重要性。

2021 年 10 月，首个基于扩散模型的开源文本生成图片工具 Disco Diffusion 诞生。

2022 年 7 月，OpenAI 的 DALL・E 2 模型开始公测。与此同时，托管在 Discord 社区服务器上的 AI 绘画工具 Midjourney 也开始进入大众的视野。

2022 年 8 月，Stability AI 开源了 Stable Diffusion 模型。与前辈们相比，Stable Diffusion 模型已经成功地解决了细节及效率问题，通过算法迭代把 AI 绘画的精细度提高到了艺术品级别，把生产时间缩短到了秒级，并把创作所需的设备门槛降到了民用水准，把 AIGC 最终推向平民化。

从某种程度上来说，2022 年这次 AIGC 热潮是由扩散模型掀起的。自此，AI 绘画技术找到了广泛的民用 C 端场景，包括 AI 绘画、图片处理、图片识别等。下面介绍 AI 绘画技术的具体应用方向及其未来的发展。

5.2　AI 绘画

AI 绘画是基于 AI 技术，通过程序语言进行智能绘画的技术，通常以应用的形式与大众用户产生直接联系。这种方法有别于传统的人工绘画，是通过大量的算法累积让文本与图片间形成多种关联关系，最终只需要输入文本或原始图片即可绘制出满足各类受众需求的精美图片。

AI 绘画工具的使用降低了艺术创作的门槛，减少了创作成本，提高了生产力。在抖音、快手、知乎、微信等社交平台上，已经有博主使用 AI 绘画工具创造素材并进行了商业变现。随着 AI 绘画作品出圈，AI 绘画技术快速发展。目前，国内外已有多个成熟的 AI 绘画工具。

5.2.1　主流的 AI 绘画工具介绍

AI 绘画工具的应用价值，一般可以从图片生成的质量、速度、自动化程度、成本、创新性等方面进行考查。目前，市场上不同的公司推出的 AI 绘画工具生成的图片的效果也会有所差异。为了避免引起纠纷，本书不对 AI 绘画工具做对比，有兴趣的读者尝试后自有判定。

表 5-1 和表 5-2 所示为一些主流的 AI 绘画工具（整理时间为 2023 年 2 月 3 日，由于 AI 绘画工具更新很快，部分名称可能有变动），技术"小白"也可以轻松地体验 AI 绘画[①]。

1. 国外常见的 AI 绘画工具

表 5-1 为国外常见的 AI 绘画工具。

表 5-1

名称	价格	相关描述
Disco Diffusion	免费	它是 Google Colab 平台在 2021 年 10 月推出的一款工具，可用深度学习进行数字艺术创作，是基于 MIT 许可协议的开源工具。它可以在 Google Drive（谷歌推出的一项在线云存储服务。通过这项服务，用户可以获得 15GB 的免费存储空间）上直接运行，也可以部署到本地运行。它生成的图画效果多元，但生成速度较慢、上手难度较高、有 GPU 使用限制
Midjourney	新用户免费使用 20 次。之后，个人用户一个月花 200 美元可以画 200 张图，企业用户使用 1 个月需要花费 600 美元	它是美国初创公司 Midjourney Lab 于 2022 年 4 月推出的，目前架设在 Discord 社区服务器上，因此需要注册 Discord 账号才能使用。它的使用方法很简单，进入 Midjourney 的 Discord 频道，在频道对话框中输入"/imagine"，并加入 Prompt 词组后，系统会在对话框中发送生成的图。需要注意的是，系统做出的图全频道可见，部分网友会选择付费隐私订阅。Midjourney 出图快、上手容易，它的场景包容度高、图片分辨率高，但需要申请进入 Discord 频道才可以使用。 笔者认为，它生成的作品非常美，超出我们的想象，真实性极强，获奖的几幅作品基本上分辨不出是 AI 绘画工具绘制的
Wombo.art	免费	—
DALL·E 2	免费绘画 200 张	它可以用文本生成照片般逼真的图片。其画作逼真，并且支持抠图。笔者认为它是修补功能最好的 AI 绘画工具

[①] 知乎博主欧米茄·邦的文章《AI 绘画绘制工具汇总》中有更多相关的内容，感兴趣的读者可以查阅。

续表

名称	价格	相关描述
Artbreeder	免费	—
DreamStudio	免费使用200次	—
Deep Dream Generator	—	—
Big Sleep	免费	—
NightCafe Greator	—	—
Craiyon	—	—
PicSo	新用户每天免费使用10次	—
Make-A-Scene	—	Meta 公司于 2022 年 7 月推出的 AI 绘画工具。可根据草图和一段文本，变着花样地精准生成任何画面

2. 国内常见的 AI 绘画工具

表 5-2 为国内常见的 AI 绘画工具。

表 5-2

名称	价格	相关介绍
文心一格	暂时免费	百度于 2022 年 8 月推出的 AI 艺术和创意辅助平台。其操作简单、可支持中文、出图速度快
6pen	部分免费	—
MuseArt	付费 + 看广告可以获得免费使用次数	在微信小程序中搜 "MuseArt"
大画家 Domo	—	—

名称	价格	相关介绍
盗梦师	有免费使用次数 + 付费	在微信小程序中搜"盗梦师"
画几个画	—	在微信小程序中搜"画几个画"
智能画图	免费 + 看广告可以获得免费使用次数	在微信小程序中搜"智能画图"
Freehand 意绘	免费	—
即时 AI	免费	—
意见 AI 绘画	有免费使用次数 + 付费	在微信小程序中搜"意见 AI 绘画"
话了个画	免费	星图比特于 2022 年 11 月上线的 AI 生成图片小程序。在微信小程序中搜索"话了个画"，就可以打开这个小程序，输入中文描述就可以生成属于自己的图画

5.2.2　生成图片类 AIGC 的方式

有了可以使用的 AI 绘画工具，怎么具体实现 AI 绘画呢？

AI 绘画大体上可以分为文本生成图片、图片生成图片及文本加图片生成图片这三种方式，不同的生成方式可以应用于不同的场景中。

1. 文本生成图片

顾名思义，文本生成图片就是输入描述文本，生成对应的图片。对于这种方式来说，描述文本很重要，但在此不做赘述。有兴趣的读者可以查阅 5.2.3 节。

下面来感受一下吧，选择一个 AI 绘画工具，输入文本"可爱的毛茸茸的猫坐在树下"，选择"剪纸"风格和艺术家"梵高"，将会生成如图 5-3 所示的图片。

图 5-3

2. 图片生成图片

图片生成图片，就是上传一张参考图，选择想要生成的风格后生成新的图片。选择一个 AI 绘画工具，上传如图 5-4 所示的图片，然后选择对应的风格，就可以生成如图 5-5 所示的图片。AI 绘画工具会根据选定的风格保留原始图片的部分素材，并且以其为蓝本创作新的图片，而新生成的图片通常与原始图片存在明显的关联。

图 5-4

图 5-5

3. 文本加图片生成图片

文本加图片生成图片，就是输入描述文本并加入参考图后，生成新的图片。仍然输入文本"可爱的毛茸茸的猫坐在树下"，同样选择"剪纸"风格和艺术家"梵高"，然后上传如图 5-6 所示的剪纸图片，并调整参考图影响因子，之后点击"开始生成"按钮，如图 5-7 所示。

图 5-6

图 5-7

可以看到，根据描述文本和参考图，AI 绘画工具自动生成了一张全新的图片（如图 5-8 所示）。如果我们更改参考图影响因子，将得到一张风格相近却并不完全一致的新图片（如图 5-9 所示）。

图 5-8

图 5-9

5.2.3　Prompt 词组

文本生成图片最核心的内容就是 Prompt 词组，即通过关键词对绘画内容、位置、风格、艺术家等进行描述和设定，继而对图片生成的最终结果产生重大影响。

1. 内容对比

当加入特定的 Prompt 词组时，会生成创作者更想要的图片效果。下面将用同一个艺术家"T·金凯德"[①]和同一种艺术风格"赛博朋克"，然后用Prompt 词组"细节加强"来展示图片效果的区别。"细节加强"前后分别如图 5-10 和图 5-11 所示。

图 5-10

图 5-11

[①] 这里的"T·金凯德"指的是"绘光大师"Thomas Kinkade 代表的一种风格，是 AI 绘画工具预设的风格模板，类似的还有梵高、莫奈、宫崎骏等。

如果觉得图 5-12 所示的图片的细节不够好，那么可以用 Prompt 词组描述出具体要细化的部分。例如，用 Prompt 词组"舞狮毛发细节加强"让舞狮的毛发效果更好，如图 5-13 所示。

图 5-12   图 5-13

对于文本生成图片来说，与内容相关的 Prompt 词组除了"细节加强"，还有很多，比如"4K"、"颜色"、"背景虚化"和"广角镜头"等。所以，在用 AI 绘画工具创作时，一定要学会添加 Prompt 词组来完善文本内容。

2. 位置对比

当文本为"第一格：春天，这只猫喜欢在春天追逐蝴蝶。第二格：夏天，这只猫喜欢在夏天沐浴阳光。第三格：秋天，这只猫喜欢在秋天观察落叶。第四格：冬天，这只猫喜欢在冬天躲在温暖的毛毯里"时，生成的图片所对应的位置并不尽如人意，如图 5-14 所示。

图 5-14

下面添加表示"具体位置"的 Prompt 词组，文本为"左上角第一格：春天，这只猫喜欢在春天追逐蝴蝶。右上角第二格：夏天，这只猫喜欢在夏天沐浴阳光。左下角第三格：秋天，这只猫喜欢在秋天观察落叶。右下角第四格：冬天，这只猫喜欢在冬天躲在温暖的毛毯里"。此时，基本上会生成以左右或者上下分割的图（分别如图 5-15 和图 5-16 所示），已经做了初步排版。

图 5-15　　　　　　　　　　　　　　　　　　图 5-16

当同时添加限定四格漫画和表示具体位置的 Prompt 词组时，文本为"生成四格漫画。左上角第一格：春天，这只猫喜欢在春天追逐蝴蝶。右上角第二格：夏天，这只猫喜欢在夏天沐浴阳光。左下角第三格：秋天，这只猫喜欢在秋天观察落叶。右下角第四格：冬天，这只猫喜欢在冬天躲在温暖的毛毯里"。此时，生成的图片的位置正如文本描述的一样，如图 5-17 所示。

可以看出，加入的位置 Prompt 词组越具体、越准确，生成的图片越符合要求。以后，当想要创建属于自己的多格漫画时，不妨试试这种方法。

图 5-17

3. 风格对比

　　据笔者的不完全统计，现在的 AI 绘画工具有抽象、剪纸、异次元头像、足球宝贝、手绘增强、吉卜力、像素艺术、哑光画、CG 渲染、儿童画、赛博朋克、素描、蒸汽波、中国风、印象主义、电影、未来主义、超现实主义、游戏场景、浮世绘、虚幻引擎、室内设计、风景、动漫、低聚艺术、油画、水彩、摄影等 30 多种风格。下面输入文本"可爱的毛茸茸的猫坐在树下"，并且选择艺术家"T·金凯德"，然后添加表示不同风格的 Prompt 词组生成不同的

图片。添加"剪纸"和"水彩"风格的 Prompt 词组后生成的图片分别如图 5-18
和图 5-19 所示。

图 5-18

图 5-19

这些艺术风格的 Prompt 词组，不仅为创作者带来了更多的风格选择，还
能帮助其了解自己喜欢的风格。截至本书完稿时，市面上的 AI 绘画工具已经
基本涵盖了常见的艺术风格，这是人类设计师或者艺术家很难做到的。

4. 艺术家对比

在使用 AI 绘画工具生成"艺术家"作品前,我们来看一看艺术家"梵高"和"毕加索"的原作,分别如图 5-20 和图 5-21 所示。

图 5-20

图 5-21

其实"艺术家"也是一类风格，是 AI 绘画工具预设的参数组。这些参数组模仿了艺术家的艺术风格。用户通过选择不同的"艺术家"可以便捷地实现生成的作品与著名艺术家的作品相仿的视觉效果。

下面输入文本"可爱的毛茸茸的猫坐在树下"，并且选择"电影感"风格，然后添加表示不同艺术家的 Prompt 词组生成不同的图片。添加艺术家"梵高"和"毕加索"生成的图片分别如图 5-22 和图 5-23 所示。

图 5-22

图 5-23

"1000 个人眼中有 1000 个哈姆雷特"，与艺术家的原作相比，你觉得 AI 绘画工具到底画得像不像呢？

5.3 图片处理

AI 绘画工具使用深度学习等机器学习技术对原始图片进行处理，并非"无中生有"。下面分别介绍 AI 修图、图片增强和分割抠图。

5.3.1 AI 修图

你或许有过类似的体会：在聚会的合照环节，大家往往会不约而同地问："开美颜了吗"或者相互提醒"记得美颜后再发朋友圈"。俗称的"美颜"就是人像方面的一种常见的 AI 修图。

如今，AI 修图已经被应用到了很多领域中。其中，常被使用的功能有渲染、滤镜、特效、贴纸，以及美颜美型等。以人像方面的 AI 修图为例，对图 5-24 分别使用滤镜和美颜后会生成图 5-25 和图 5-26。

图 5-24

图 5-25

图 5-26

除了"美颜""滤镜"，AI 修图还有很多用处。艺术品和文物修复、影楼、设计、电商等场景中均有 AI 修图的用武之处。下面来看一看基于 Stable Diffusion 模型推出的"一键 AI 脑补"技术，它主要有重建（Inpainting）和扩展（Outpainting）。

重建技术是指重建图片或者影片中缺失的部分。比如，可以用其帮助修复艺术品、文物等。博物馆对艺术品和文物等的修复通常由经验丰富的博物馆管理员或者艺术品修复师花费几天甚至几个月才能完成。重建技术可以用复杂的算法推演出缺失的部分，从而使得更多的人可以加入对艺术品和文物的修复工作，提高工作效率，并且大大地减少了劳动时长。

扩展技术是将图片扩展到原始尺寸之外的地方，根据使用者输入的 Prompt 词组生成内容来填补以前空白的空间。对于从事游戏全景地图和电影特效制作工作的人来说，这可以在降低成本的同时提高工作效率。

5.3.2　图片增强

除了大家熟知的 AI 修图，还有一种从事图片处理工作的专业人士经常使用的技术，那就是图片视觉质量增强，简称图片增强。图片增强通过无损放大、图片去雾、色彩增强、过度拉伸、图片恢复等，满足老照片修复、图片去噪、图片质量矫正等业务需求，被影楼、电商、摄影、艺术、广告、媒体等行业的从业者们广泛使用。

下面看两个简单的示例。

如果婚纱摄影师要修图，那么将图片放大后能更好地进行操作。我们使用图片增强中的图片无损放大，即可在毫秒级时间内将图片的长宽各放大两倍并保持质量无损，如图 5-27 所示。为了使图片内容和色彩更加逼真，我们还可以使用色彩增强，智能调节图片的亮度、色彩饱和度、对比度来提高图片的质量，如图 5-28 所示。

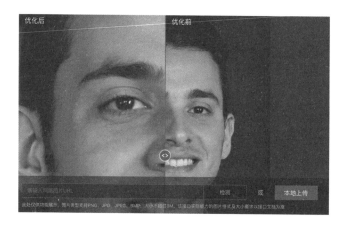

图 5-27

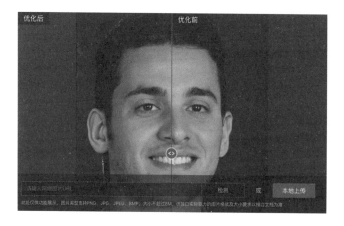

图 5-28

5.3.3　分割抠图

如今，分割抠图已能将发丝、高度镂空的主体等从有复杂背景的图片中抠取出来，可以广泛地应用于电子商务、零售、泛文娱、个人应用等场景。

一方面，抠取图片中的头像，为其替换背景，可以形成二次元、搞怪图片等娱乐性图片，帮助泛娱乐客户低成本获客；另一方面，将生活照通过精细化、无瑕疵的分割后，配上白色、蓝色、红色背景可以用于证件照制作。

在如图 5-29 所示的"生活照"中，可以将头像抠取出来，生成图 5-30 后继续用于娱乐领域或者制作证件照。

除了头像分割，还可以进行人体分割，即将摄影人物主体从背景中分割出来，将背景虚化，以达到大光圈的浅景深效果，突出人物主体。"分割前"和"分割后"分别如图 5-31 和图 5-32 所示。

图 5-29

图 5-30

图 5-31

图 5-32

除了头像和人体分割，其实还有一种通用分割，如图 5-33 和图 5-34 所示。

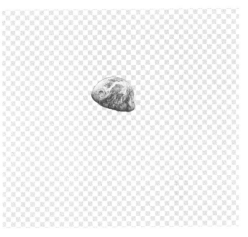

图 5-33

图 5-34

那么，这种通用分割有什么用呢？下面的案例将会让你具体感受一下。2022 年 11 月 8 日，PhotoRoom 公司宣布完成了 1900 万美元的 A 轮融资，加上天使轮融资，其总共融资了 2100 万美元。PhotoRoom 公司的核心技术是对图片背景的处理。可以用通用分割处理一张图片当前的背景，抠出自己想要的图片内容，然后给其添加新的背景用到电商平台中。图 5-35 所示为处理前的图片，图 5-36 所示为处理中的图片，图 5-37 所示为处理后的图片。

总之，AI 绘画工具使用了先进、高效、可靠的图像处理技术，给图像处理领域带来了很多革命性的变革。其中，头像生成是一个非常有趣的方向，可以根据输入的图片生成一个全新的、不同风格的头像。同时，AI 绘画工具还具有智能修图的功能，可以自动识别图片中的瑕疵，并进行修复，这对艺术家、摄影师等专业人员有很大的帮助。另外，图片超分和色彩增强等功能可以提高图片的分辨率，使图片更加清晰、细腻，这在视觉效果和视觉影响力方面具有很大的优势。最后，分割抠图也是重要的功能，可以将图片中的物体与背景进行分离，这在后期制作、编辑等方面具有重要的意义。

图 5-35　　　　　　　　　　图 5-36　　　　　　　　　　图 5-37

5.4　图片类 AIGC 的衍生应用：AI 识图和 AI 鉴图

其实在图片生成技术盛行之前，AI 已经在图片领域中广泛应用，主要集中在识图方面。AI 识图工具使用深度学习等机器学习技术对图片进行判断、识别。比如，我们在购物网站上检索某个特定商品时，可以上传商品图片检索同款商品；在搜索引擎中查询某张图片的相关信息时，可以直接上传图片进行识别。

在 2022 年之后，随着图片生成技术的发展，AI 识图又衍生出新的应用方向，我们姑且称之为"鉴图"，即鉴别某张图片是否由 AI 绘画工具创作。虽然 AI 识图本身并不属于 AIGC 范畴，但为了让读者相对全面地了解 AI 在图片领域中的应用，我们还是在本节中进行简单介绍。

5.4.1 人脸和人体识别

AI 在人脸和人体识别领域中的应用日益广泛，并且正在以惊人的速度改变着我们的日常生活，比如用支付宝扫脸自动支付、在进火车站时扫脸自动验证个人身份等。下面介绍一下 AI 在人脸和人体识别方面都能做些什么。这里的素材使用了随机造脸，在 5.5.1 节中会详细介绍。

（1）支持对五官及轮廓精准定位（如图 5-38 所示），可实现照片贴纸、照片特效等互动娱乐功能。

图 5-38

（2）分析人体图片的特征，识别某个人的基础属性。这项技术可以用于安全验证、生物识别、行为分析等多种场景。例如，在行为分析场景中，可以根据是否佩戴口罩来判断行为是否符合某些场所的规定。图 5-39 所示为人脸属性识别。

（3）人脸识别技术通过分析人脸图片的特征，可以判断是不是同一个人（如图 5-40 所示）。这项技术可以用于安全验证、检索、照片管理、身份验证等场景。例如，在移动设备上，用户可以使用人脸识别技术来解锁设备；在安全系统中，可以使用人脸识别技术来验证某个人的身份，方便其修改密码或手机号码等进一步操作。

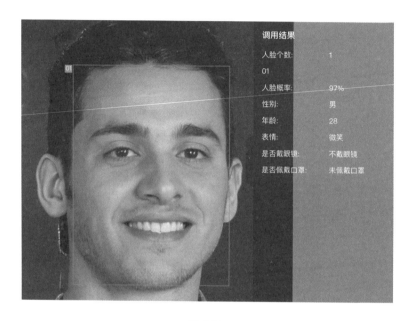

图 5-39

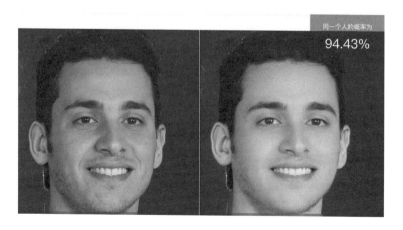

图 5-40

（4）支持人体检测。对图片中的动作、人体姿势关键点、手姿势关键点的识别，可以用于行为分析场景。例如，分析运动员的运动技巧，以提高训练效果。除此之外，从正面、侧面等多角度拍摄的人物图片，以及局部被物体遮挡的人物图片中都可以准确地检测出人物的相关信息。这项技术可以用于安防、新零售、企业管理等场景。例如，检测办公室内是否有人，然后智能地控制照明灯、空调开或关，营造智能的办公环境；检测员工是否在岗；结合多帧人体检测结果，如图 5-41 所示，对商场、旅游景区、交通枢纽等地进行人流统计。

图 5-41

目前，AI 在人脸和人体识别领域中的发展是十分迅速的，并且正在不断地提高识别率和准确率。随着 AI 技术的不断发展，人脸和人体识别技术也将不断地改变我们的生活。

5.4.2　通用图片识别

AI 识图工具除了对人脸和人体的识别，还可以精准地识别图片中其他的视觉内容，通过自动识别和检测图片中的人物、指定的目标、场景等，给图片中的内容打上标签。这种技术可以广泛地应用于视频监控、安防、无人机、交通、自动驾驶、数字营销、新零售、广告设计、目标检测等行业和领域。一般来说，通用图片识别有"场景打标"和"通用打标"两种识别方式。

顾名思义，"场景打标"就是识别图片中的地理位置、地标、场景模式等内容后，打上标签。图 5-42 所示为夜景。

图 5-42

"通用打标"就是识别图片中的动物、植物、果蔬、品牌 Logo、货币、快消商品、车型等通用内容后，打上标签。例如，如图 5-43 所示，AI 识图工具能识别出动物，并且能识别出在动物园的大熊猫。如图 5-44 所示，AI 识图工具能识别出水果，并判断其可能是橙子橘子或石榴等。

图 5-43

图 5-44

总体来说，AI 识图是一种先进、高效、准确的图片识别技术，为图片领域带来了变革，具有广泛的应用前景。它可以自动识别图片中的人脸、人体和其他的视觉内容，并对其进行分析。这在安全、电商、社交等方面具有重要的价值。另外，它可以识别图片中的场景，并为其打上标签，这对图片的组织、检索具有很大的价值。

在了解了 AI 在图片识别方面的应用后，下面来看一看图片生成技术所衍生的另一个功能——"判断一张图片是否由 AI 绘画工具创作"。

5.4.3 是否由 AI 绘画工具创作

2022 年 12 月 14 日，在全球知名的视觉艺术网站 ArtStation 上，上千名画师发起联合抵制。打开该网站的首页，你会看到密密麻麻的反 AI 海报图标，上面写着 "NO TO AI GENERATED IMAGES"，即 "抵制 AI 生成图片"，如图 5-45 所示。

图 5-45

其实，在 AI 绘画如火如荼的时代，当你看到一幅作品时，是不是会不由自主地问 "这是 AI 画作吗？" 现在，市场上已经有类似的检测工具。在上传想要检测的图片到 AI 绘画检测工具后，仅需 1 秒就能检测出是不是 AI 画作，如图 5-46 和图 5-47 所示。

图 5-46　　　　　　　　　　　　　　　图 5-47

　　虽然已经有了检测工具，但笔者在尝试使用了多款检测工具后，对检测的结果是持保留意见的。其实，没有绝对的方法可以判断一张图片是不是 AI 画作，但有以下常用的检测方法：

　　（1）使用 AI 绘画检测工具。

　　（2）如果图片中出现额外的肢体、肢体错位，以及最常见的手指扭曲等人体异常现象，那么它很可能是 AI 画作。

　　（3）如果图片中有明显的像素化、锯齿或其他不够清晰的部分，那么它很可能是 AI 画作。

　　（4）如果图片中有基本逻辑的错误，比如头发线条有进无出或有出无进、遮盖逻辑不合理，那么它很可能是 AI 画作。

（5）AI 绘画工具生成的图片通常有一些非常特别的元素，例如不太自然的颜色、不对称的形状、不太合理的构图等。

需要注意的是，这些方法不一定总准确，因为 AI 技术正在不断进步，可以生成越来越逼真的图片，而 AI 鉴图也随着 AI 技术的进步而同步前行。

5.5 实用、有趣的图片世界

图片生成技术在很多领域中都有着广泛的应用，除了本章前面介绍的内容，下面来看一看更多的实用场景和案例。

5.5.1 头像生成

一款名为 Lensa 的面向 C 端用户的头像生成软件，在 2022 年 12 月的前 5 天被下载了 400 多万次，登顶了 Apple 和 Google 两大应用商店排行榜，而且被各大社交媒体平台刷屏。据说短短 5 天 Lensa 的收入就达到了 820 万美元。

1. 随机造脸

你可能对随机造脸并不熟悉，但可能听说过应用随机造脸能解决的问题，比如在影视剧中因为用的素材照片不当而造成照片主人与剧组之间的纠纷。类似的照片侵权问题并不限于影视行业，广告、媒体或者其他需要使用人像的行业均存在类似的侵犯肖像权的情况。随机造脸则低成本地解决了这个问题。以某个专注于"造脸"的网站为例，用户在进入网站之后，每次刷新页面都可以获得使用图片生成技术生成的一个"真实"的人脸照片，如图 5-48 所示。

图 5-48

值得一提的是，5.3 节和 5.4.1 节使用的一些素材就是用随机造脸生成的，这免去了找模特要授权的时间，也避免了直接用作者本人照片的尴尬。

在随机造脸的加持下，影视剧组使用这些随机生成的"人脸"图片就不用再担心侵权问题了，而广告商在采集简单的肖像素材时也无须专门雇用模特，从而降低了制作成本。可以确定的是，随机造脸的适用范围十分广泛。

2. 魔法头像

其实，与 Lensa 软件类似的软件还有很多，其使用过程大概是，当用户上传照片时，软件会将照片发送至云存储中，然后根据用户选择的风格类型等为用户量身打造不同风格的电子肖像。制作电子肖像的方式可以被分为"风格迁移"、"元素添加"和"动物变人像"。

"风格迁移"就是将用户上传的头像生成各种风格的头像。比如，图 5-49

所示的头像可以分别变成图 5-50 所示的"中国风"头像、图 5-51 所示的"漫画风"头像。

图 5-49

图 5-50

图 5-51

"元素添加"就是用户选择想要的元素并上传头像后，组合生成头像。上传头像后添加元素"对联"和"烟花"，可以生成如图 5-52 所示的拜年头像。

图 5-52

"动物变人像"就是用户上传动物的照片或图片，选择想要生成的风格后生成人像。随着现代科技的进步，越来越多的人需要有陪伴自己的"小萌宠"，所以这种可以用自己的宠物来定制化头像的场景正在被广泛使用。选择如图 5-53 所示的宠物图片后，可以生成如图 5-54 所示的人像。

图 5-53

图 5-54

5.5.2 模拟场景

在图片生成技术出现之前，场景生成和模拟主要依靠人工制作与设计，这不仅需要耗费大量的时间和人力资源，还难以满足不同用户的个性化需求。使用图片生成技术可以快速地模拟出高质量的场景，并且能根据不同的需求进行修改和优化。

下面来感受一下一张空白背景的照片（如图 5-55 所示）被应用到生成的各种模拟场景后所呈现出的效果。

在生活中，哪怕只有一些背景简单且老旧的照片，我们也可以将其变成自拍照（如图 5-56 所示）或用拍立得拍的照片（如图 5-57 所示）。

说到特定情景，你是否曾经幻想过自己出现在大荧幕上或者影视剧的镜头里，图 5-58 所示的电影谢幕场景肯定能满足你的愿望。

图 5-55

图 5-56

图 5-57

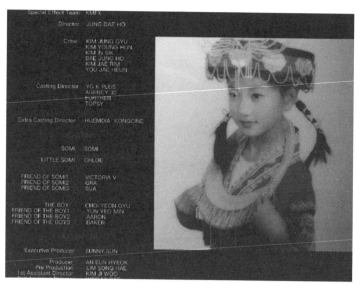

图 5-58

除此之外，也可以通过模拟场景制作一些穿搭教程视频（如图 5-59 所示）、杂志（如图 5-60 所示）等的封面，不仅设计感十足，还能减少成本和工作量。

图 5-59

图 5-60

　　其实，还可以模拟室内、室外、城市、森林、山脉等场景，以及其中的物体、建筑、人物等。比如，在游戏开发中，开发者可以快速地生成不同的游戏场景（在如图 5-61 所示的游戏中参观展览），使得游戏体验更加逼真，从而让玩家获得更好的沉浸感。

图 5-61

　　看了这些模拟场景案例，我们会发现，除了大大地减少人力和时间成本，图片生成技术还能通过调整天气、视角、时间、光线等参数来提高视觉效果和沉浸体验，以此满足不同用户的定制化需求。

5.5.3　PPT 生成

提起制作 PPT，职场人很容易产生共鸣。大家对制作 PPT 绞尽脑汁并费时费力。其实，现在已经有了一款叫 ChatBA 的"神器"，这是由两位优秀的斯坦福大学的学生 Silas Alberti 和 Joseph Semrai 共同研发的。

其使用非常简单，首先，登录网站，如图 5-62 所示，简单地输入一句需求文本，点击"Do Magic" 按钮就可以一键生成 PPT 了。

图 5-62

ChatBA 已经具备的功能包括生成大纲、标题、要点、粗体关键字、图片和图形，并且能够自定义设置布局和主题，还能支持导出 PPTX 和 PDF 两种格式的文件。下面将用官网中给出的案例做展示，简单地输入需求文本"How to Write a Best Selling Book"，就会生成如图 5-63 所示的整个 PPT。

How to Write a Best Selling Book

Outline
- Research Your Topic
- Develop a Writing Plan
- Promote Your Book

Research Your Topic

Research Your Topic
- **Understand** the genre and audience
- **Gather** information from reliable sources
- **Analyze** the competition

Develop a Writing Plan

Develop a Writing Plan
- **Outline** the plot and characters
- **Set** a timeline and writing goals
- **Edit** and revise your work

Promote Your Book

Promote Your Book
- **Create** a website and social media accounts
- **Network** with other authors and publishers
- **Market** your book through advertising

图 5-63

169

5.5.4　设计

AI 绘画工具不仅可以帮助设计师以快速、精准的方式实现自己的想法，大大地减少设计的时间和精力投入，还可以在极短的时间内生成大量的图片，大大地提高设计效率。同时，因为其能制作出高质量和各种逼真的图片，所以扩大了设计范围。它能为设计师提供更多、更好的创意，提高设计质量。最后，它可以让设计可视化，从而可以让设计更加直观、立体。下面通过一些不同的场景对应的设计图片案例感受一下 AI 绘画工具的魅力。

1.　设计海报

输入需求文本"帮我设计一张演唱会海报，4K"，选定想要的风格和艺术家，就可以得到如图 5-64 所示的一张高清海报。

图 5-64

2. 设计 Logo

输入需求文字"对一家名叫'桔子'的公司设计 Logo"，就可以得到如图 5-65 所示的一些公司 Logo 设计方案。

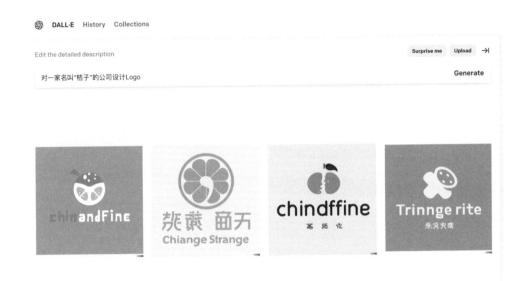

图 5-65

3. 灵感创意

当各个行业的设计师想要设计一些本行业的产品时，AI 绘画工具可以快速地生成一些相关图片帮助设计师迸发灵感，以此设计出更合理、更有创意的产品。选择一个 5.2.1 节中介绍过的 AI 绘画工具并输入相关的设计需求文本，比如面具设计师可以输入需求文本"设计一个星星月亮面具"，椅子设计师可以输入需求文本"设计一个桔子椅子"，然后，设计师可以根据生成的"灵感创意"图片（分别如图 5-66 和图 5-67 所示），进一步完善或创造更好的产品。

DALL·E　History　Collections

Edit the detailed description

设计一个星星月亮面具

Surprise me　Upload　→

Generate

图 5-66

DALL·E　History　Collections

Edit the detailed description

设计一个桔子椅子

Surprise me　Upload　→

Generate

图 5-67

5.5.5　稿件配图

如图 5-68 所示，巴比特在 2022 年 10 月 25 日用微博正式对外宣布其官网、自媒体平台和社交媒体账号将规模化采用 AI 配图。

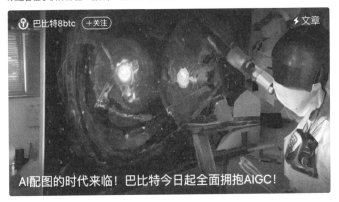

图 5-68

这意味着巴比特发布的文章的头图、配图等，将由原先付费购买的版权图片更换为由 AI 绘画工具创作的自有版权图片。换句话说，这使得巴比特全平台图片的使用流程发生了改变。

下面来看一个稿件配图的具体案例。笔者从新闻稿中选取了一段文本"元宵节在即，各地举行多彩民俗活动，展现出浓浓的佳节气氛。正在上海欢乐谷举行的上元灯会吸引了不少民众前来猜灯谜、赏花灯，喜迎元宵佳节。"，将其输入到某 AI 绘画工具后生成的图片如图 5-69 所示。

图 5-69

5.5.6 更多场景

（1）绘制图谱：绘制小说人物关系图、教学图谱、专业领域的知识图谱等。

（2）画图标：用 AI 技术开发 AI 应用，生成应用后绘制专门的图标。比如，我们可以写代码开发一个微信小程序或 App，定制化地绘制小程序或 App 的图标。

（3）电影：生成电影中的各种特效，如星空、大气、闪电、太空场景等。

（4）游戏：生成完整的游戏环境，如全景地图、建筑、植被等；帮助游戏和影视制作人员制作出更加逼真的作品。

（5）医学：绘制药物的分子结构图；生成多维度图片，帮助医生从不同的视角更好地诊断疾病；绘制三维人体图片帮助医学生了解人体结构和生理功能等。

（6）研究：生成大量图片数据，用于训练深度学习模型，帮助研究人员更好地模拟和理解现实世界的情况；生成多维度图片，帮助研究人员更好地了解图片数据的特征。

（7）城市规划：模拟不同的城市场景，帮助规划者进行城市规划和设计。

需要提及的一点是，图片生成技术可以应用的范围很广，故不能在此一一提及和描述具体的内容。本节只对目前流行度较高的热点领域进行简单介绍。

5.6　图片类 AIGC 的未来

5.6.1　局限性和发展预测

1. 从用户视角来看局限性

虽然图片类 AIGC 应用给我们的生活和工作带来了极大的趣味性、便捷性，提高了中低端图片的内容生产质量和效率，但是目前市面上的此类工具使用起来仍有些许待改进的缺陷。从用户视角来看，图片类 AIGC 应用有以下几个方面有待优化。

（1）上传的图片大小受限。目前，在识别图片时，AI 绘画工具基本上都有上传的图片大小受限的问题，而压缩后的图片可能会改变图片内容，因此让识别结果的准确性下降。

（2）AI 识图和鉴图不准确。笔者在使用 AI 绘画检测工具的过程中发现，自己的真实图片被认证为 AI 画作。由此可见，在图片的检测上，AI 绘画检测工具还需要进一步训练。另外，笔者发现，一些 AI 绘画检测工具识别图片时，会出现错误的结果，比如将"金毛"识别为"北极熊"，所以，AI 绘画检测工具在图片识别领域也仍然有待完善。

（3）产品模态还很初级。以职场人期待的应用场景——PPT 生成为例，笔者在使用后发现，主流的 PPT 生成应用都是外国公司推出的，因此目前只能支持英文输入，另外可选的主题风格等仍然不够多元，内容也十分有限。希望国内公司可以抓紧赶上，让我们可以借助智能化工具彻底告别那些挑灯熬夜、绞尽脑汁调试 PPT 的日子。

2. 从宏观视角来看局限性

从宏观视角来看，当我们从行业发展和文明道德的角度去审视图片生成技术时，其风险和争议也不容忽视。比如：

（1）质疑生成的图片的真实性。它可能被用来生成假的图片和信息，欺骗人们。毕竟，这种技术可能被用于制作假新闻或虚假广告，从而对社会造成负面影响。

（2）可能带来一些安全问题。例如，生成危险图片。

（3）可能带来一些道德问题。例如，生成不道德的图片。

（4）可能侵犯个人隐私。例如，生成未经许可使用的个人照片。

（5）可能存在版权问题。比如，互联网上出现了专门出售 AI 绘画工具的"Prompt 词组"的市场，因为售卖的 Prompt 词组中包含了一些流行的动漫角色、大 IP 中的内容、品牌衣物等，所以目前这个市场里已经充斥着各种各样的疑似侵权作品。

3. 未来预测

图片作为最常见的内容形式，存在于生活中的各个角落。或许在一两年后，手机应用的开屏动画、电子广告牌上的广告、社交平台上的视频广告等都是通过大数据和算法模型实时创作的，AIGC 应用将潜移默化地影响我们的审美和生活选择。

现在，图片生成技术的应用尚集中于艺术、设计、摄影等各自的"独立"领域，而未来可能会有融合各个领域的多模态协同模型，使得图片生成技术在商业和生活中的应用更加深层次、立体化、全方位、多角度，比如给出最终设计稿等。图 5-70 所示为 AIGC 基础模型和应用发展预测。也许到了 2030 年，利用此技术"设计"出来的"草图"会比现在最专业的艺术家、设计师和摄影师设计的作品更好[1]。

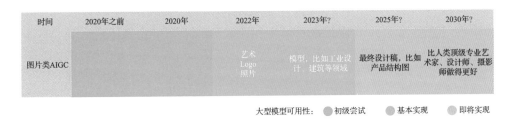

图 5-70

---

[1] 更多相关内容可以查阅红杉资本官网的文章 *Generative AI: A Creative New World*。

5.6.2　怎么看 AI 艺术

AI 绘画工具通过输入关键词和对不同画风的模仿生成图片,降低了艺术品的创作门槛。与此同时,AI 绘画所衍生出的各种问题渐渐浮现。

下面来看一看一些相关人士的看法及公众对相关热点问题的讨论。

1.　AI 绘画工具会让画家、美术老师、插画师等失业吗

(1)图 5-71 所示为某网友的担忧。

图 5-71

(2)我发现 AI 绘画工具更适合用作一个创意生成器。给出一些 Prompt 词组后会得到一些图片,这能激发我的想象力。对于我来说,这些图片可以作为一种灵感参考,并能让我在草图上用来绘画。——Stijn Windig(荷兰艺术家)[①]

(3)不应该是替代插画师,而应该是一个强大的辅助工具:一个能够将想法快速可视化、快速拓展思维边界/寻找灵感、让普通人也能进行自由创作

[①] 更多相关内容可以查阅陈陈陈发布在"壁虎看 KOL"公众号上的文章《AI 绘画爆火背后的生意与争议?》。

的工具。——某一线城市的画廊老师[①]

如今，大众已经很难分辨纯手工作品和 AI 绘画工具生成的作品了。当然，一些高质量的艺术创作至今仍然是 AI 绘画工具无法完成的。AI 绘画工具生成作品的效率足够高，尤其是在大部分日常消费艺术作品中，比如插画、封面、海报等。对于艺术创作者来说，用 AI 绘画工具生成素材还可以带来灵感，这是非常有吸引力的事情。未来，不得不承认的一点是，使用 AI 绘画工具会慢慢地成为创作者必备的技能之一。——认真做产品的设计师

2. AI 绘画算得上艺术吗

（1）艺术家编写算法不是为了遵循一套规则，而是通过分析成千上万张图片来"学习"一种特定的美学。然后，算法尝试按照所学的美学生成新的图片。——Ahmed Elgammal（罗格斯大学教授）

（2）技术性艺术的力量在于它可以积极地塑造某种技术的使用方式，而不仅仅从旁提供美学评论。——Walter Benjamin（德国思想家、哲学家）

（3）AI 艺术将成为创新的驱动力，不仅是审美创新的驱动力，还是批判性创新的驱动力。——Frieder Nake（不来梅大学及不来梅艺术学院教授）

3. 版权问题

（1）图 5-72 所示为网友对版权问题的担心。

[①] 更多相关内容可以查阅杨希发布在 "AI 遇见云" 微信公众号上的文章《AIGC——AI 能作画了，插图师要失业了吗？》。

法律必须禁止AI绘画商用，至少商用的
AI绘画工具用来训练的图必须由公司出钱买
断，并在合同里约定"可用于AI训练"。这样，
如果画家怀疑自己的画被商用了，至少可以用
相关法律保护自己的版权

图 5-72

（2）我并不排斥 AI 生成艺术的概念。在风格、理念、主题和执行方面，艺术家们经常从彼此的作品中寻求灵感，并以某种方式结合自己的想法形成独特的风格。我不是说艺术家的作品没有独创性，但我们必须承认，我们确实互相学习。——弗洛里斯·迪登（德国某工作室艺术总监）

（3）仅仅简单地用严格保护版权的方式，并不是创作者最好的选择。毕竟，AI 绘画工具可以从艺术中释放巨大的生产力，所以生产关系可能需要做出一些适当的调整。——Fabian Offert（Gradient AI Community 的成员）

笔者相信，每个读者都有自己的看法，那你的观点是什么呢？

5.6.3　笔者的一些浅见

利益相关性不可避免地会产生立场偏向。对于图片生成技术的发展这个热点话题，不同的身份、教育背景、从业经历的读者必然有不同的观点，这一点从 5.6.2 节中可以看出。我们很难鉴别支持或者反对的声音是来源于对人类文明发展的深层思考，还是对艺术理念的坚持，或仅仅是与个人利益相关导致的偏好。

艺术和技术，或者说艺术与生产力的发展，本来就息息相关。从人类文明

诞生之初的岩画艺术，到纸张被发明之后的纸本艺术，再到胶片出现之后的摄影艺术，以及现在信息时代的数字艺术和 NFT（Non-Fungible Token，非同质化通证），艺术的创作方式和载体不断演变。自 1837 年达盖尔发明"银版摄影术"至今已接近 200 年，而关于"摄影算不算艺术"的争论依然经久不衰；自 2017 年 CryptoPunk 横空出世并于 2021 年涨至天价，Beeple、Pak 及 Xcopy 等加密艺术家大获成功之后，"NFT 算不算艺术"的"灵魂拷问"再一次冲击着艺术从业者的三观。这样看来，"AI 绘画算不算艺术"这一争论的出现和持续完全符合历史发展规律。从艺术发展的历史来看，新技术带来的艺术理念革新大概率是个体无法阻挡的。

无论支持与否，图片生成技术的发展都如火如荼。它已经有了广泛的民用场景和商业价值。抵制图片生成技术的应用似乎已经毫无意义，我们的关注点或许应该集中在"如何正确使用"上。

第 6 章

众所周知，视频是不能 PS 的：视频类 AIGC

1872 年的一天，在美国加利福尼亚州的一个酒店里，斯坦福在观看赛马比赛时突发奇想，认为马在奔跑的过程中一定有一瞬间四条腿同时腾空，但他的朋友科恩不以为然。英国摄影师麦布里奇依靠一组连续拍摄的马奔跑时的照片，给出了答案。照片证明马在奔跑时有一瞬间四条腿同时离开地面。麦布里奇把这些照片按先后顺序连接起来，组成一条连贯的照片带。有一次，有人快速地牵动这条照片带，发现静止的马变成了会动的马。

2022 年，AI 绘画技术的发展突飞猛进，掀起了全民创作热潮。视频是图片的延续，研究人员的目光随之聚焦于视频生成技术，试图让"人人都是艺术家"更上一层楼，让"人人都是导演"。

6.1　视频生成技术的发展历程

视频生成技术的发展总是追随着图像处理技术前进的脚步。沿着历史车轮的轨迹回看，每当图像处理技术有了新的突破时，科学家们便开始探索将新技术迁移到视频生成领域的可能性。这种跨越到视频生成领域的探索，成为视频生成技术发展历程中的里程碑。

6.1.1 早期探索

对视频生成的早期探索，可以追溯到 20 世纪 90 年代。早在 1997 年，为了解决电影中音画不同步的问题，Christoph Bregle 等人在发表的名为 *Video Rewrite: Driving Visual Speech with Audio* 的论文中，提出了一种视频重写的方法，可以根据音频修改视频中人物说话时的嘴部动作，达到嘴形和声音一致的效果。

6.1.2　2014—2016 年，视频生成起步：无条件视频生成

受到算法和硬件的限制，视频生成技术一直发展得较为缓慢。直到 2014年，GAN 模型的出现标志着图片生成领域出现了重大突破，在此之前，AI 算法可以对图片进行较为准确的识别和分类，但生成图片一直是一个极大的挑战。

GAN 模型不仅极大地推动了 AI 绘画的发展，还激发了科学家对视频生成技术的研究热情。深度学习技术开始被广泛地应用于视频生成和视频增强领域，以 GAN 模型为主的各类视频生成算法如雨后春笋一般出现。

2016 年，麻省理工学院和马里兰大学的诸位研究人员在发表的名为 *Generating Videos with Scene Dynamics* 的论文中，提出了 VideoGAN 模型，最早将 GAN 模型用于视频生成框架中，可以生成一些微小的视频。虽然视频的画面并不逼真，但是视频内的物体已具有相对合理的运动轨迹。

同年 4 月，Manuel Ruder 等人在发表的名为 *Artistic Style Transfer for Videos* 的论文中，第一次将图像风格转换技术扩展到视频生成领域。德国弗赖堡大学的研究人员从 Gatys 等人在 2015 年提出的基于神经网络的风格迁移算法中获得灵感，将从一张图片中得到的艺术风格迁移到视频中。

对于视频分辨率提高问题，在针对图像的超分辨率重建卷积神经网络（Super-Resolution Convolutional Neural Network，SRCNN）的基础上，Kappeler 等人在名为 *Video Super-Resolution With Convolutional Neural* 的论文中提出了视频超分算法 VSRNet，成功地将卷积神经网络应用于视频超分辨率重建任务中，并为后人在这一领域的研究奠定了基础。

6.1.3　2017 年，潘多拉的魔盒：人像视频生成

随着高分辨率生成能力逐渐增强，GAN 模型生成的人像越来越难以辨认。2017 年，Korshunova 等人把人像作为风格迁移中的一种艺术风格，发表了名为 *Fast Face-swap Using Convolutional Neural Networks* 的文章，提出了一种基于 GAN 模型的自动化实时换脸技术。

6.1.4　2018—2019 年，视频生成视频技术的突破

在 2017 年之前，研究人员已经在无条件视频生成领域进行了多番尝试：2017 年出现了可以学习无标签视频数据集中的语义表示并产生新的视频的生成对抗网络（TGAN），2018 年又出现了用于视频生成的运动和内容分解的生成对抗网络（MoCoGAN），以及对 DeepMind 公司提供的数据集（Kinetics-600）进行大规模训练而得到的生成对抗网络（DVD-GAN）。然而，以上尝试在生成视频的效果方面都不尽如人意，尤其在时序上，经常出现不合理的物体变换。

随着 2017 年加利福尼亚大学伯克利分校的 Phillip Isola 等人发布了图像翻译领域的开山之作——Pix2Pix 模型，研究人员逐渐把目光转移到视频生成领域。从 2018 年起，视频生成视频技术有了极大突破，并逐步接近实用水平。

不同于以往的无监督的 GAN 模型，Pix2Pix 是一种有监督模型，也就是说，生成的内容不再是随机的而是要满足一定的条件。在 Pix2Pix 模型的基础上，

再结合基于骨架特征表示思想，加利福尼亚大学伯克利分校的 Caroline Chan 等人发表了关于运动迁移的论文 *Everybody Dance Now*，以给定的专业舞者的视频为动作源，迁移到普通人的视频中，首次合成了高分辨率的人物跳舞视频。

无独有偶，NVIDIA 的 Ting-Chun Wang 等人在 2018 年年末发布了一个重大成果，实现了视频生成视频的图像翻译模型 Video-to-Video Synthesis（简称 Vid2Vid）。NVIDIA 的研究人员继承 Pix2Pix 等模型中的研究思路，利用光流约束，设计了对抗式生成网络的鉴别器和生成器，合成了仿真度极高的视频。

与 *Everybody Dance Now* 中提出的模型相比，Vid2Vid 模型具有更强大的物理意识，合成的视频在分辨率、真实度、时间一致性上都大大提高。不仅如此，Vid2Vid 模型合成的视频更多样，不仅可用于生成人物跳舞视频，而且在街景、人像等视频生成任务中也有很好的表现。

因为从静态框架转换为动态框架的难度是很大的，所以视频生成视频被视为视频生成领域的一次重大突破。稍有不足的是，虽然生成这些跳舞或街景视频已经不是无法解决的问题，但是视频生成模型的泛化能力还相对不足，也就是说，需要从大量的原始数据中提取信息，无法生成从未见过的场景。

面对上述问题，2019 年，Ting-Chun Wang 等人又推出了新的研究成果，即 Few-shot Video-to-Video Synthesis 模型。这是一个小样本学习的成功案例，借助少量的示例图片，就可以生成之前很少见到甚至从未见过的场景，在跳舞、人像、街景等视频生成任务中都能得到逼真的效果。大卫雕塑活力四射的舞动，蒙娜丽莎丰富的表情，都让人感到不可思议。

6.1.5　2021 年，文本生成视频技术的发展

回想几年前，相信 AI 能通过文本直接生成符合语义描述的图片，确实是

一件需要想象力的事情，但是 Transformer 模型的出现，不仅掀起了文本生成图片的浪潮，而且促进了文本生成视频技术的发展。人们可以逐步生成符合语义描述的视频。

虽然从 2017 年开始有一些关于文本生成视频的探索，但是这些工作大多停留在初级阶段，只能接受简单的文本输入，视频的效果比较一般，对于复杂场景视频的生成还存在较大困难。

随着 2021 年年初 DALL·E 模型诞生，基于 VQ-VAE 和 Transformer 模型的技术框架开始在视频生成领域崭露头角。

2021 年 4 月，Chenfei Wu 等人发表了名为 *GODIVA: Generating Open-DomaIn Videos from nAtural Descriptions* 的论文，首次将 VQ-VAE 模型应用于文本生成视频任务中，实现了文本和视频内容的秒级匹配，生成的视频具有较高的连贯性，初步验证了基于文本生成视频技术的可行性。

加利福尼亚大学伯克利分校在 2021 年提出了一种新的视频生成架构 Video-GPT，首次结合 VQ-VAE 和 Transformer 模型，以最小的改动将这些原本在图像处理任务中很常见的技术迁移到文本生成视频任务中。

6.1.6　2022 年，扩散模型进军视频生成领域

2022 年，基于 DALL·E、Stable Diffusion 等模型的绘画应用进入大众视野。在 AI 绘画逐步平民化的过程中，研究人员也期待扩散模型在视频生成领域中能像在图片生成领域中一样获得巨大成功。

2022 年 9 月，Meta 公司推出了 Make-A-Video 模型，展示了基于扩散模型的文本生成视频研究的最新进展。与此同时，谷歌也迫不及待地发布了 Imagen Video 和 Phenaki 两个视频生成模型，提供了生成视频的新方式。

近些年，与算法相关的研究工作连续取得突破，使生成的视频在流畅性和含义等方面有了翻天覆地的变化。关于视频生成技术的应用已有良好的开端，部分应用已经具备实用能力，下面将介绍视频生成技术的具体应用场景，以及未来可能的发展。

6.2　视频生成工具

现在主流的视频生成工具分为数字人视频生成工具、视频编辑工具、文本生成视频工具。我们整理了一些工具供大家参考。

6.2.1　数字人视频生成工具

数字人视频生成工具见表 6-1。

表 6-1

名称	是否免费	相关介绍
Synthesia	否	Synthesia 是一款致力于帮助用户快速生成解说视频的商业软件。它支持将提供的文本通过口型同步视频生成技术创建数字人视频，提供超过 74 种真实的"虚拟形象"、254 种独特风格的语音库及 66 语言
Elai	免费试用	Elai 是一款帮助用户使用纯文本创建教育和营销视频的软件，能够支持文本、PPT 等转换为口播视频，支持对视频中的人像进行自定义
创梦易自动画	否	创梦易自动画是中科深智发布的数字人动画创作工具，提供教育培训等十多个场景模板，以及 60 多个数字人形象，可以根据提供的文本自动生成动画版的口播视频
Rephrase.ai	否	与 Synthesia 类似，也是一个根据文本生成口播视频的软件，更关注营销等领域的视频生成
来画	免费试用	来画是一个在线的动画和数字人创作平台，支持通过捏脸的方式生成数字人形象，支持导入文本或 PPT，可以生成动画版的智能播报视频

6.2.2　视频编辑工具

视频编辑工具见表 6-2。

表 6-2

名称	是否免费	相关介绍
Veed	免费试用	Veed 是一款在线的视频剪辑工具。它支持为视频添加进度条、滤镜、场景过渡、特效等内容，还支持提高分辨率和更改视频播放速度
HitPaw	免费试用	HitPaw 是一个利用风格迁移技术自动处理视频的视频增强软件，于 2019 年发行，下载超过 23 万次。该软件支持全自动提高视频画质、黑白视频上色、视频卡通化转换等功能
Topaz Video Enhance AI	免费试用	Topaz Video Enhance AI 是视频增强工具，能够利用多个帧的信息对视频去噪、恢复缺失部分，还可以提高视频分辨率，将视频放大到满足 8K 标准，以呈现更清晰的细节和动作一致性
Fliki	每月免费创建 10 分钟视频	Fliki 是一种流行的视频和画外音生成器，它的优势主要是 AI 语音的质量高
Lumen5	每月免费导出 5 个视频	Lumen5 更偏向于视频剪辑功能，提供多种场景视频模板，可以通过拖、拉、拽的方式快速剪辑视频，支持使用博客生成视频的功能，但是效果一般
Raw Shorts	免费	Raw Shorts 是一个比较简单的视频编辑工具，可以帮助用户创建营销类视频、演示视频和一些广告的片头视频
Magisto	基础版免费	Magisto 是一个著名的视频制作工具。利用它可以将视频和图片整合成一部精美的电影并发布到社交平台上
Designs.ai	免费试用	Designs.ai 是一个较为综合性的视频制作工具，在利用文本制作视频的基础上，可以通过拖、拉、拽的方式替换视频中的元素，支持实时编辑，并且还能支持一键缩放视频，以适配不同的社交平台

6.2.3　文本生成视频工具

文本生成视频工具见表 6-3。

表 6-3

名称	是否免费	相关介绍
Pictory	免费	Pictory 是一个免费的视频处理软件，诞生于 2019 年在美国西雅图市举办的一个"黑客马拉松"上，经过优化迭代，于 2020 年 7 月推出了第一个版本。该软件使用输入文本或读取纯文本的网页地址来生成图文并茂的视频
Vedia	免费试用	Vedia 是一个在线的文本生成视频网站，不仅可以直接输入文本，而且可以输入网页链接及相关数据。Vedia 可以提取文本内容的概要，并整合媒体素材，生成图文视频
InVideo	免费试用	InVideo 与 Pictory 和 Vedia 具有类似的功能，提供多种模板，仅提供文本就可以生成图文视频
一帧秒创	免费	一帧秒创是基于秒创 AIGC 引擎的内容生成平台，支持图文生成视频。AI 模型智能匹配素材画面，生成音频、字幕等元素，一站式地整合、导出视频供创作者预览
Make-A-Video	授权使用	Make-A-Video 是 Meta 公司于 2022 年推出的一款 AI 模型，可以利用给定的文本生成短视频。与 Pictory 不同，它并非生成图文视频，而是生成一个与文本描述含义匹配的，带有情节的短视频
Phenaki	免费	Phenaki 是谷歌基于扩散模型发布的文本生成视频工具，主打的是长视频生成，可以根据较长的 Prompt 词组生成 2 分钟以上的视频
Imagen Video	免费	Imagen Video 同样是谷歌基于扩散模型发布的文本生成视频工具，该工具的特点是生成的视频质量较高，可以生成 128 帧 1280px×768px 的高清视频，同时还支持生成多种艺术风格的视频

6.3 视频生成应用

6.3.1 高清内容生成

无论是在生活中还是在娱乐中，旧视频总在发挥着它的价值。有些人享受怀旧的感觉，在观看过去的电影或电视剧时，能够回忆过去的时光。对于历史学家、社会文化研究者来说，旧视频可以再现几十甚至上百年前的政治、经济、社会的景象，使其可以了解和挖掘视频中隐含的文化内涵。

旧的低分辨率的视频的受众规模很大，但是受到拍摄技术、存储方式等的影响，旧视频普遍存在视频模糊、损坏严重等问题，划痕、噪点、雪花点、失真、抖动等严重影响观看体验，视频清晰度、流畅性和真实度等方面的不足也极大地影响了视频的观看效果。

视频生成技术能够利用从高分辨率的视频中学习到的画面序列的模式和规律，把低分辨率的视频自动化地生成高质量的视频。利用视频生成技术进行旧视频修复主要包含以下 3 个步骤：提高清晰度、智能插帧、色彩增强。

1. 提高清晰度

如图 6-1 所示，视频增强工具通过增强对比度、锐化、去抖动、去噪音等多种手段去除视频中的雪花点，使画面中的细节更清晰。

图 6-1

利用 AI 模型可以提高分辨率，把视频的分辨率提高到想要的标准，使其满足 4K 甚至 8K 标准，使过去模糊的视频能够适配现在主流的播放设备，呈现更多细节，让视频的观看效果更好。

2. 智能插帧

帧数较低的视频在播放时通常会存在卡顿现象，仿佛正在播放 PPT 一般，使观众在观看时产生撕裂感。观众通常都希望观看播放得流畅的动态影像。

在通常情况下，视频中连续的两帧所展示的内容虽然不相同，但是是非常接近的。智能插帧算法可以分析前后帧的内容，预测连续两帧之间可能存在的变化情况，生成一帧或者多帧，达到提高视频流畅度的效果。

3. 色彩增强

在拍摄视频时，图像的颜色可能因为摄像头或照明等因素变得暗淡或不准确。这可能导致视频的颜色不均匀或看起来不真实，导致视频的质量降低。在视频处理技术的帮助下，即使在深夜拍摄视频，也可以让其色彩丰富，更加真实。

在全球范围内，影视行业对修复经典的老影片已经达成共识。很多电影厂、电视台计划修复留存的老影片，并将其重新搬上大荧幕，或者适配现在的 4K 或 8K 电视。众多流媒体平台和个人爱好者也纷纷关注旧视频修复领域，利用超分辨率算法等视频生成技术修复老影片或明星的早期演唱会视频，以便获取流量。

爱奇艺将 AI 大规模地应用于旧视频的修复工作中，开发了 ZoomAI 技术，提供了一套完整的高清视频修复方案，用 12 小时即可完成一部时长为 2 小时的视频修复，效率达到了原来的 500 倍以上，对黑白影像还优化了相关的算法。例如，利用 ZoomAI 技术修复了 1922 年发行的《劳工之爱情》。爱奇艺还联合新派系（上海）文化传媒有限公司实施了"全球经典拷贝修复计划"，修复的电影《护士日记》入选了戛纳电影节"戛纳经典"单元。2021 年，爱奇艺独家修复的 49 部经典电影，累计播放超过 1200 万人次。

优酷于 2017 年启动"高清修复计划"，借助阿里云提供的"画质重生技术"修复了 5000 多部经典作品，修复后的视频的播放量迅速增加。以苏有朋主演的《倚天屠龙记》为例，修复后的版本比修复前的播放量增加了 4.5 倍，甚至超过了同期播放的新版《倚天屠龙记》。

除了流媒体平台，AI 极客也尝试修复旧视频。AI 专家 Shiryaev 成立了一家名为 neural.love 的公司，专门提供由 AI 驱动的图片、语音、视频增强服务。Shiryaev 最受欢迎的作品是利用 AI 修复的 1895 年拍摄的法国短片《火车进站》。该短片还原了工业初创时期的景象，在 YouTube 上获得了超过 100 万次浏览。

虽然 AIGC 为古早影像资料重获新生带来了技术可行性，但似乎并不是人人都为这种"改进"叫好。早在 1989 年，罗杰·埃伯特曾在《我为什么爱黑白片》中写到，"以后会有无数的年轻人，他们第一次观看的《卡萨布兰卡》就是上色版本，这么做是在污染他们的想象空间。一部电影的"处女看"经历，每个人一生都只有一次。如果第一次看的就是上色版本，那就再也无法完整地体验到那部电影真正的原始冲击力了。"从这一角度来看，我们要思考的问题是，老电影真的需要修复吗？

当然，AI 可以修复的视频并不仅仅是电影、电视剧等娱乐内容。除了影视作品，视频修复技术也广泛应用于历史资料的修复工作中。

A Trip Down Market Street 是一部于 1906 年拍摄的纪录片。该片记录了旧金山市中心 Market Street 的街景，提供了对过去生活和文化的独特见证。Shiryaev 使用开源软件和 AI 模型将胶片重新上色和锐化，可以清楚地看到当时人们的动作、服饰，甚至脸上的表情。2018 年上映的《他们已不再变老》是著名导演彼得·杰克逊在帝国战争博物馆邀请下，为纪念第一次世界大战结束 100 周年所拍摄的大型战争纪录片。为了真实再现第一次世界大战期间士兵的

日常生活，该影片对数百小时的第一次世界大战的原始素材进行了修复和重新上色，将视频的播放速度从 13 帧/秒提高至 24 帧/秒，为观众呈现了身临其境、极度真实的沉浸式战争体验。国内也有类似的应用案例，2019 年上映的《决胜时刻》的结尾有一个超大彩蛋——播放了 4 分钟的彩色开国大典纪实影像。如此珍贵的历史镜头能出现在观众眼前，也得益于基于超分辨率重建的视频修复技术。

6.3.2　快速拆条和视频摘要生成

拆条在视频编辑的过程中是一个不可或缺的步骤。为了创造出更好的视觉和剧情效果，视频编辑人员往往需要把长达几十小时甚至几百小时的视频素材拆分为多个较短的视频片段，以达到更好的组合素材的目的。对视频进行拆条的过程非常枯燥和烦琐，往往要经历素材筛选、导入素材、安排顺序、剪辑素材、添加转场动画、添加配乐、渲染等多个环节，需要花费视频编辑人员大量的时间和精力。

视频生成技术改变了视频生成领域原有的剪辑方式。视频编辑人员利用视频生成技术可以自动分析和识别视频内容，忽视不重要的视频片段，从一段时长超过一小时的视频中快速找出关键素材，更准确地选择和组合素材，从而快速创建高质量的视频，大大地节省了时间和成本。

视频生成技术帮助我们快速地生成了视频，但是优质的视频不仅需要生成，还需要剪辑。基于 AI 的剪辑系统凭借实时、快速、精准的视频处理能力，在社交、新闻、广告等领域中都开始发挥重要作用。

例如，在 2022 年冬奥会期间，为了使赛事短视频兼具美学、时效、人文的特点，中央电视台体育频道联合阿里云，引入了助力新闻生产的 AI 视频处理工具。在比赛直播的过程中，基于 AI 的剪辑系统实时解析和提取直播视频中的精彩镜头，无论参赛选手是获得金牌，还是实现自我突破，它都能及时地记录下这转瞬即逝的画面，并在第一时间进行新闻播报，满足新闻快速传播的需要。

与此同时，基于 AI 的剪辑系统能够在短时间内把海量的比赛内容浓缩为几分钟的精彩集锦，大幅提高了冬奥会视频内容的生产效率，帮助观众快速、全方位地了解赛事信息。

除了新闻领域，在日常工作中，利用视频生成技术抽取视频的关键片段也能提高工作效率。比如，将视频研讨会的时间从一小时缩短到 3 分钟，有助于快速分享相关知识。

6.3.3　场景植入

从 1896 年的电影《瑞士的洗衣日》开始，植入式广告已经有超过百年的历史。这种宣传手法与内容紧密结合，但是受到技术手段的限制，存在一次成型、难以优化的困难。

随着视频语义理解能力的提高，以及风格迁移算法对生成的视频的画面控制力增强、修改更加精确，营销行业与视频生成技术擦出了不一样的火花。

首先，AI 模型具备读懂视频的能力，采用语义分割、特征提取、对象识别等手段，对视频内容进行标签化、碎片化、场景化分析处理，可以把图片中的街道、汽车、树木等不同的物体一一区分。

其次，在区分出视频画面中的物体之后，可以从中选取合适的广告投放点，利用 AI 模型将广告投放点处的元素替换为广告产品。比如，可以替换汽车的品牌等。

英国伦敦的 Mirriad 就是这样的一家视频广告服务商。该公司通过 AI 模型分析视频的内容，将产品毫无痕迹地植入到视频中出现的桌子、墙、广告板上，甚至可以将汽车替换为指定品牌的产品。例如，联合利华旗下的调味品品牌 Knorr 与 Mirriad 合作，在 MyTV SUPER App 上播放的热门电视剧 *Come Home Love Lo and Behold* 中，把 Knorr 的标识和产品图片投放到墙上的广告牌中。这种近乎无痕的广告植入方式不仅更易于被观众接受，而且提供了二次播放修改广告的机会。

不仅是视频后期制作，Mirriad 还利用它的技术帮助得不到巡演机会的歌手获得收益。例如，哥伦比亚歌手 Giovanny Ayala 在他的 MV 中植入了广告元素，获得了不错的回报。

目前，该公司已经与派拉蒙、20 世纪福克斯等公司进行过合作，还在 2019 年与腾讯达成了为期两年的独家协议。

商汤科技和星广互动在视频植入方面还有更深入的理解，通过算法实时替换人物视频的背景图片。这种图片更适合于广告投放，在视频直播、短视频等场景中创造出了全新的广告位，扩展了广告投放的模式。

6.3.4　视频卡通化

动画作为一种常见的艺术表现形式，在教育、影视等领域中被广泛应用，尤其是随着元宇宙爆火，人们对动画的需求越来越多。

把真实的视频变成动画是视频生成技术的一个有趣的功能。用户只需要上传一段真实的视频，根据个人喜好选择动画风格，就能把视频自动转换成对应风格的动画。

阿里影业曾发布了一个由经典电影镜头串联的短片。该短片的特殊之处在于视频由《绿皮书》《一条狗的使命 2》《何以为家》等真实电影中的镜头动漫化剪辑而成。该短片利用风格化技术将真实的电影镜头转换为美漫风格的动画。

6.3.5　文本生成视频

随着抖音等视频平台迅速发展，用户越来越喜欢通过视频来消费内容，但是视频的制作成本比较高，阻碍了人们输出这样的内容。国外已经诞生了一些视频生成工具，这些工具的生成效率极高，虽然生成的视频的清晰度有待提高，但是这些工具大幅提高了人们创作视频的效率。

目前，文本生成视频工具的技术实现模式如下：用户输入文本，选择相应的视频模板（视频模板代表视频的风格），工具基于用户输入的文本自动寻找相关的图片。用户可以在图片集中进行手动选择，也可以让机器自动匹配相应的图片。用户还可以选择输出的语音的音色、音量。例如，InVideo 通过将文本变成优质的视频，帮助用户理解内容，更加便于用户在碎片化的时间里消费内容。这也是广大视频创作者的福音。图 6-2 所示为 InVideo 提供的视频模板页面。

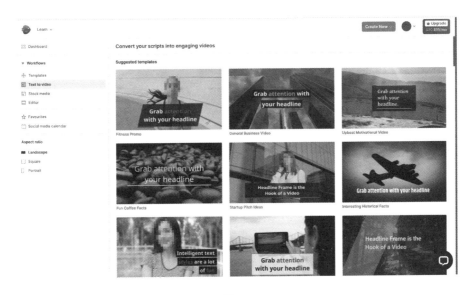

图 6-2

6.3.6　数字人视频生成

真人及口播的视频在内容传播方面有极大的优势，因为我们习惯了这种真人叙事的表达方式。口播给人一种真实、可靠的感受。利用视频生成技术自动生成数字人的视频，为人们提供了一种以输入文本为基础的生成数字人视频的方式。

一个数字人主要由形象层面和语音层面构成。在形象层面，开发人员通过真人扫描建模形成数字人模型。有了模型后，开发人员就需要做好人物的肢体动作（如常规的鼓掌、挥手、点头等）。这需要构建一个动作库，然后软件系统中的 NLP 模型会根据输入的文本进行意图识别，并根据预先设置的意图和动作的匹配算法，自动匹配数字人相应的动作，以达到绘声绘色的表达效果。人物的口型则需要通过一些 AI 算法（如 Wav2Lip 等）自动生成。在语音层面，软件系统会根据开发人员选择的语音包，将文本自动转化为语音。

目前，国内及国外的很多公司都已经制造了相应的产品。美国的数字人视频生成平台 Synthesia 如图 6-3 所示。用户可以自由地选择数字人、动作、声音来生成自己喜欢的数字人视频。数字人视频生成平台仍处于早期阶段，所以生成的数字人在说话时会存在面部表情僵硬、动作不匹配文本等情况。为了提高效果，数字人视频生成平台仍然需要做好对用户输入的文本的情感识别、意图识别，并且更好地匹配肢体动作、发声时的语气。

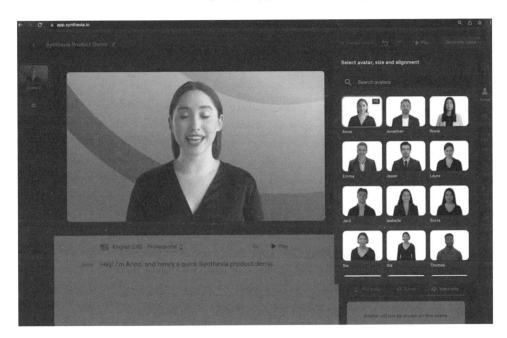

图 6-3

6.3.7　人脸视频生成

人脸建模通常是发展得最快的方向，人脸风格迁移的效果也越来越令人赞叹。加拿大的 Wombo.ai 公司提供了一款可以用任意人物图片生成一段歌曲视频的应用。这个应用可以从真实的表演视频中学习表演者的特定动作、面部表情、眼神等特征，然后把这些特征和用户提供的图片中的人物融合在一起，生成一段新的视频，图片中的人物会在视频中演唱指定的著名歌曲。该应用在被推出后的三周之内，被下载超过 2000 万次，生成的视频超过了 1 亿个。

在拍摄《流浪地球 2》时，刘德华已经 60 岁左右，吴京也 40 多岁了，为了和电影情节相符，开发人员需要通过视频生成技术让他们回到 20 岁的样子。这是通过深度伪造（Deepfake）技术实现的。深度伪造技术是一种使用机器学习算法来生成图像和视频的 AI 技术。

通过分析大量来自真实人物的数据，深度伪造技术可以学习面部表情、动作、语音。一旦训练，这些算法就可以用来生成近乎真实的虚假视频。《流浪地球 2》的技术团队按照以下技术路线去实现，首先在人脸上贴上标记点，进行三维扫描建模，然后拿到了刘德华和吴京年轻时的照片，通过图像学习的方式去训练并生成了两人的三维模型。技术团队增加了训练的次数，以保证面部的细腻效果。

该剧组利用视频生成技术进行换脸，实现了让主演"重返 20 岁"的效果，也让观众在近 3 小时的电影中感受到主角的成长历程，从而更容易产生共情。

迪士尼为了满足影视作品中角色老化或年轻化的需求，发布了一个具有实用价值的、全自动的视频人脸处理技术——FRAN（Face Re-Aging Network）。FRAN 可以利用已有的数据预测演员面部可能产生老化的部位，并学习如何将皱纹等细节添加到已有的视频片段中。在迪士尼提供的应用示例中，仅仅几秒便可以使演员返老还童，并且效果逼真。

Netflix 的原创电影《爱尔兰人》也离不开视频生成技术。卢卡斯影业旗下的工业光魔公司运用最新的"工业光与魔术"特效技术，把罗伯特·德尼罗、乔·佩西和阿尔·帕西诺等多位演员的样貌从本来的 70 多岁变成了 40 多岁，特别是主演罗伯特·德尼罗甚至饰演了 20 岁的自己。为了让减龄效果在观众眼中更加自然，工业光魔公司为几位主演建立了庞大的影像数据库，利用 AI 算法为每一个镜头都选择了效果最接近的历史图像作为参考。

除了《爱尔兰人》，李安导演的《双子杀手》利用深度伪造技术，让中年和年轻的威尔·史密斯在银幕中对打。

其实，在好莱坞电影中很早就尝试过用视频生成技术让已经去世的人物重新出现。主演保罗·沃克的突然离世，为还在拍摄过程中的《速度与激情 7》蒙上了一片阴影。为了给影片画上一个圆满的句号，剧组与彼得·杰克逊的维塔工作室合作，将专业替身演员的表演和保罗·沃克弟弟的形象相结合，使保罗·沃克在影片中实现了数字重生。

6.4　数字人：仿生人与电子羊

2023 年，我们看到了数字代言人在以迅猛的速度进入我们的生活中，从数字人的广告，到数字人的直播带货，再到数字人的 IP 内容打造。我们可以预见，数字人正从各个方面开始影响我们的生活，我们也开始慢慢地接纳它。在早期的数字人的生产中，由于数字人的形象及"大脑"的问题，我们看待它更像看待一种机器，认为它和人有着本质的区别，但是随着多项技术的使用，数字人的形象越来越逼真，数字人的"大脑"也越来越聪明。这些改变让我们在与它交流的时候有着极大的代入感，接近于与真人聊天。

这也推动着数字人的制作越来越工业化，使其制作逐渐从以行业分散、产业链长、各环节割裂、劳动密集型、单点技术工具为主的协作模式切换为一套完整的制作流程，涉及策划、原画、建模、绑定、动画、解算、灯光、渲染等，并且融入了 AI 大脑，这让数字人充满了智慧。图 6-4 所示为魔珐科技的三维虚拟内容制作流程。

图 6-4

数字人在直播带货中也有极大的应用价值，真正做到了解放人力。开发人员只需要录入产品介绍、对基本问题的回复（如快递费、优惠等），数字人就可以基于录入的信息自动化地进行训练并且直播带货。硅基智能公司推出的数字人已经被应用于本地生活的直播业务和品牌店的直播业务中，如图 6-5 所示，并取得了良好的收益。

图 6-5

随着动作捕捉设备的普及，工作室打造数字人变得极为高效和轻松。开发人员在完成模型的骨骼绑定后，通过变声器即可模拟声音，通过动作捕捉设备即可模拟动作，这可以高效地完成数字人动画的制作，使得大批优质内容被创作出来。国内的 AI 公司爱化身科技通过数字人技术打造了虚拟甄嬛形象，如图 6-6 所示，让甄嬛这个家喻户晓的 IP 在元宇宙中为人们所熟知。无独有偶，在当下火爆的数字人集原美的线上宣传中，我们也可以看到其有大量的出行、游玩、生活方面的内容。这也使得用户对数字人的理解更加全面与感性，接受程度得到提高。平台在运营的时候也会通过 AI 机器人（如小冰在抖音中会利用 AI 技术自动回复）让用户觉得数字人不再遥远，而变得真实可信。

图 6-6

数字人在商业领域中有着极大的应用价值，可以被应用于智能客服、智能导游等场景中。一个好的数字人会有大量的粉丝，比如魔珐科技的 Ling 拥有百万量级的粉丝。这让企业不再需要花高价聘请明星代言，可以通过数字人进行广告投放。数字人广告尚处于刚起步的阶段，较为新潮，用户的接受意愿较高，再配合元宇宙的内容制作，可以轻松地实现在现实中拍摄无法达到的效果。这让品牌的内涵可以得到深刻的展现，更好地符合"Z 世代"的内容消费需求，以实现精准的获客和转化。同时，这也是品牌年轻化的体现，提高了品牌的商业价值。

6.5 视频类 AIGC 的未来

6.5.1 局限性

视频生成技术在 2023 年似乎并没有完全具备大规模应用的条件。首先，从技术本身来看，AI 模型生成的视频尚存在一些局限性。

1. AI 模型训练的成本高

首先，AI 模型训练依托大量的视频数据，模型的生成效果与视频数据的质量息息相关，海量的高质量数据收集是一项成本非常高的工作。其次，训练需要强大的算力支持，训练周期一般以月甚至年为单位，极大地限制了应用范围。

2. AI 模型生成的视频的质量不稳定

AI 模型生成的视频的质量一般来说不如人工制作的视频的质量，尤其在细节和质感上，难以达到受众可以接受的范围。AI 模型生成的视频中经常出现物体突然出现或者突然消失等现象。

3. AI 模型生成的视频缺乏逻辑

AI 模型目前无法像人类一样具备情感和判断力，容易生成一些毫无意义的画面，同时对于展现内容的逻辑缺乏控制力，所生成的视频可能出现剧情不连贯、缺乏逻辑性等问题。

4. AI 模型生成的视频不够多样

AI 模型基于训练数据的不同维度的特点生成新的视频，也就是说，对已有的数据进行仿造，缺乏创造性。数据的局限性导致了视频内容缺少多样性，不能满足不同场景的需求。

视频生成技术现在处于一个快速发展的阶段，随着计算机算力的不断提高和深度学习技术的发展，视频生成技术本身的局限性必将被逐一攻破。然而，从社会、道德、法律等更宏观的视角来看，即使技术不存在障碍，人类似乎也并未做好大规模应用视频生成技术的准备。

从伦理上来说，AI 模型本身不具备情感，恶意训练数据可能使生成的视频包含歧视、色情、暴力等元素，从而对人类社会造成负面影响。

同时，知识产权保护也是一个重要课题。视频生成技术的出现，对版权保护提出了新的挑战。因为这个技术利用大量的素材和数据生成新的视频，其中可能包含受到版权保护的内容。另外，这个技术可以帮助用户复制和修改已有的视频内容，也会损害原作者的权益。

此外，虚假视频也会带来相关的风险问题。AI 模型在短时间内生成的大量视频具有相似的内容。在这些相似的内容中可能存在虚假信息。

6.5.2　未来预测

视频作为一种重要的信息传播方式，在人们的生活中起着重要的作用，特别是在当下，观看短视频已经成为现代社会中非常流行的一种娱乐方式。视频具备极强的传播性。或许在不远的将来，我们看到的每一部电影、每一个广告、每一个新闻视频都或多或少使用了视频生成技术。视频生成技术在生活的每个角落都影响了我们的思维方式，带来了深远的影响。

目前，视频生成技术的发展正处于上升期。人们希望把这个技术扩展到电影、游戏、虚拟现实、建筑和实体产品设计等领域。在不远的未来，随着计算机视觉和交互式 AI 模型的不断融合，AI 模型生成的视频将会出现在娱乐、社交、营销、设计等领域中。下班之后看一场由 AI 模型生成的电影，回家之后打开一个由 AI 模型生成的达到 3A 级别的游戏，或许就是我们未来生活的一部分。

当然，受到情感、信仰、文化和经验等因素的影响，不同的人对视频生成技术的发展有着不同的见解。这些观点都有合理性，也都有局限性，我们很难断定孰是孰非。

随着视频生成技术的发展，假视频会越来越像真的，从而会产生一些潜在的道德和隐私问题。但是无论你支持与否，科学技术的进步从不以个人的意志为转移。视频生成技术已经逐步开始应用于我们的生活中。在面对技术的发展时，把关注点放在如何利用这个技术并应对挑战，可能才是正确的。

第 7 章

AIGC 的相关产业和生态发展

7.1　芯片：算力决定智力

　　AI 的"三驾马车"是数据、算法和算力。我们将数据送入 AI 算法，由算法学习数据中的规律，这意味着要进行无数次运算。运算的背后是芯片提供的算力支持。如果我们回顾 AI 算法的发展历史，可以发现，AI 算法的发展史同样也是芯片公司的发展史。

　　从 1999 年的第一颗 GPU，到 2008 年 NVIDIA 公司推出的第一颗可用于 AI 的 GPU——Tegra，再到最近几年涌入 AI 领域的、百花齐放的各类芯片方案（例如，基于 AVX-512 指令集扩展的 Intel 至强 CPU，NVIDIA 全新的 Volta GPU 架构，赛灵思的 Vitis AI 推理平台），算力的提高极大地提高了 AI 的智力水平，让 AI 可以解决更加复杂、多样化的问题，也为我们进入 AIGC 时代铺平道路。

　　可以看到，在过去的 20 年中，数据的规模、算法的参数量、芯片的算力三者相辅相成，共同将 AI 推动到了当前阶段，衍生出了不同类型的 AIGC。因此，本节以 2023 年的巨星级产品 ChatGPT 为例来说明芯片是如何为 AIGC 提供算力的。

　　ChatGPT 的参数量达到了 1750 亿个量级。ChatGPT 展现出的超强智力的背后是昂贵、巨量的算力资源。让我们问 ChatGPT 两个问题，用它的回答来开始这一节的叙述（如图 7-1 和图 7-2 所示）。

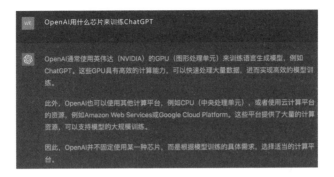

图 7-1

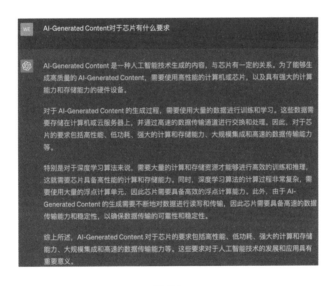

图 7-2

笔者从两个角度来解释 AIGC 和芯片的关系：①在 AIGC 领域中，现在用什么芯片？②随着 AIGC 的发展，对芯片会有什么新的需求？

7.1.1　在 AIGC 领域中，现在用什么芯片

1. 何为"训练（Training）"和"推理（Inference）"

当阅读到本节的时候，想必你已经了解到，ChatGPT 是通过"训练"得到

答案的，那么什么是"训练"？

AIGC 的实现过程分为两个环节：训练和推理。

训练是用大规模的数据来训练出复杂的神经网络模型。通过对数据的标记，以及深度学习中的监督（Supervised），使最终得到的神经网络模型具有训练者需要的、特定的功能。

在具体的实现过程中，大数据作为输入源，经过神经网络算法解算，可以得到一个输出结果。显然，这种单向的计算，对神经网络模型的构建起不到作用。我们需要构建一个反向的、从输出到输入的机制，才能形成负反馈，调整神经网络模型，达到"训练"的效果。这个反向的机制可以是有监督学习（Supervised Learning），即算法工程师给出参数，或者无监督学习（Unsupervised Learning），让算法通过自回归或自编码器来对输入信息进行学习。

推理是利用训练好的模型，通过输入新数据来获取结论。

因此，通俗地讲，"训练"的实质就是计算—反馈—调整—计算的往复过程，这一过程在不同的模型中有不同的实现方式；"推理"的实质是针对某个应用场景的输入—计算—输出的过程。

显而易见，训练所需要的计算量和算力资源是远大于推理的，而推理所需要考虑的，除了算力本身，还有功耗、成本，以及与应用场景的匹配。

AI 芯片通常有以下 3 种类别：云端训练芯片、云端推理芯片、端侧推理芯片。其代表公司见表 7-1。

可以注意到，由于训练对算力的要求极高，芯片的功耗较大，因此训练往往放在云端，并没有"端侧训练芯片"。

表 7-1

	云端	端侧
训练	CPU：Intel。 GPU：NVIDIA，AMD。 ASIC：Google	—
推理	GPU：NVIDIA。 ASIC：NVIDIA，寒武纪等	通用处理器：Intel，AMD，Apple，高通。 ASIC：海思，地平线等

2. 云端训练芯片：ChatGPT 是怎样"练"成的

ChatGPT 的"智能"感是通过使用大规模的云端训练集群实现的。目前，云端训练芯片的主流选择是 NVIDIA 公司的 GPU A100。GPU（Graphics Processing Unit，图形处理器）的主要工作负载是图形处理。

GPU 与 CPU 不同。从传统意义上来说，CPU 作为一个通用处理器而存在，可以全面承担调度、计算和控制任务。GPU 的内核更小、更专用，例如在图像渲染中涉及大量的矩阵乘法和卷积运算，为了满足计算负载要求，GPU 拥有 CPU 所不具备的大规模并行计算架构。根据 NVIDIA 公司官网的描述，CPU 和 GPU 的区别见表 7-2。

表 7-2

CPU	GPU
中央处理器	图形处理器
核心数较少	核心数较多
低延时	高吞吐量
适用于连续任务	适用于并行任务
能够同时处理少量任务	能够同时处理大量任务

（1）始于 1985 年，从 VPU 到 GPU。

最早的图形处理器是 1985 年 ATI 公司（2006 年被 AMD 公司收购）发布的一款芯片。当时，ATI 公司并未将其命名为 GPU，而是叫 VPU（Video Processing Unit，视频处理器），直到 AMD 公司收购 ATI 公司，它们的产品名称才更改为 GPU。图 7-3 所示为 ATI 公司于 1986 年发布的 CW16800-A 图形处理器产品。

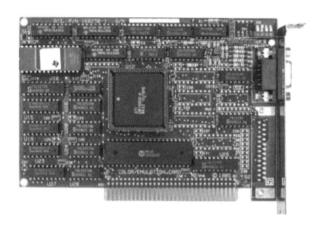

图 7-3

"GPU" 这个名字实际上来源于 1999 年 NVIDIA 公司将其发布的 GeForce 256 命名为 GPU。随着 NVIDIA 公司的发展，GPU 也与图形处理器概念等同，成了现代计算芯片的一大类型。图 7-4 所示为 NVIDIA 公司的 GPU A100 的照片。

虽然 GPU 是为图像处理而生的，但深度学习的计算类型和图形渲染有很多的共通点。在图形渲染中，芯片需要不停地计算移动对象的轨迹，这需要大量的并行数学运算，而机器学习/深度学习涉及大量的矩阵/张量运算。因此，GPU 的并行处理架构也能够很好地满足 AI 计算的要求。

图 7-4

（2）2006 年，跨时代的计算平台 CUDA。

仅有芯片层面的配置是不够的，软件接口的适配及生态的构建也非常重要。这就不得不提到统一计算设备架构（Compute Unified Device Architecture，CUDA）。

2006 年，NVIDIA 公司首次推出 CUDA。从这个词组本身的设计上可以看出，CUDA 的最初开发人员是希望 CUDA 能成为不同平台之间的统一计算接口。到目前为止，CUDA 已经成为连接 NVIDIA 公司所有产品线的通用平台，上面沉淀了非常全面的 API 和算法框架库。因此，CUDA 生态成了 NVIDIA 公司面对其他 GPU 厂商时，最大的竞争优势之一。

那么，是不是所有的训练任务都只能够由 NVIDIA 公司的 GPU 来做？虽然目前 NVIDIA 公司的 GPU 是训练芯片的主流选择，但答案是否定的，就像在本节开头 ChatGPT 的回答："OpenAI 并不固定使用某一种芯片，而是根据模型训练的具体需求，选择适当的计算平台"。笔者尝试使用表 7-3 来阐释训练芯片的选择。

表 7-3

类型	消费级 GPU	企业级 GPU	CPU	ASIC（Application Specific Integrated Circuit，专用集成电路）
特征	价格较低，稳定性和扩展性差，支持 CUDA	价格较高，稳定性和扩展性强，支持 CUDA	价格较低，通用性强，并行处理能力差	可以理解为更专用的 GPU
适用的场景和人群	小规模算法的训练，深度学习的初学者	大规模算法的训练，适合大型企业	小规模算法的训练	芯片面向的特定场景
适用算法	需要进行大量矩阵运算的算法，例如深度学习算法，尤其是神经网络算法	需要进行大量矩阵运算的算法，例如深度学习算法，尤其是神经网络算法	不需要矩阵运算的算法，例如线性回归、逻辑回归、SVM（Support Vector Machine，支持向量机）等	芯片面向的特定算法

3. 云端推理芯片：与云端的 ChatGPT 对话

按照 AI 芯片的分类，我们使用 AIGC 应用的过程本质上是一个推理过程。例如，在与 ChatGPT 对话时，我们输入一句话，这句话经过算法的运算，输出一个结果，这就是我们看到的回答。因此，人们在使用 ChatGPT 这种 AIGC 应用（推理）时，理论上，对芯片的性能要求不需要像训练那么高。

以当前 ChatGPT 的应用场景为例，目前 ChatGPT 运行在云端，用户每一次与它对话都是一次推理过程。这个过程目前运行在 OpenAI 的计算集群——Azure AI 超算平台上，这是微软在 2020 年开发者大会上公布的拥有 28.5 万个 CPU 核心、1 万个 GPU，每个 GPU 拥有 400Gb/s 网络带宽的超级计算机。

虽然推理对算力的要求比训练稍低，但需要的算力资源仍然非常夸张。不过，由于两者计算的实质不同，训练本身类似于大力出奇迹，而推理是一个应用的过程，因此推理更容易被优化和加速。未来，AIGC 应用所需的云端推理资源将会大幅降低。

4. 端侧推理芯片：从云端芯片到终端芯片

目前，我们还不能在端侧运行 ChatGPT 这样的 LLM，原因有以下几个方面：第一，ChatGPT 本身仍然在迭代，并且对话者输入的文字也是它迭代的原料。第二，作为一个新模型，ChatGPT 对于在终端部署的优化不足（这非常好理解，现阶段这也不是重点），导致对终端芯片的要求过高（主要是内存空间）。

随着 LLM 的进一步完善，未来我们有可能将它下载到终端，用终端的计算资源来运行，这样就可以实现离线运算。经过优化后的 ChatGPT 算法，对终端芯片的性能要求可能不会特别高。PC 芯片，无论是 Intel 的还是 Apple 的 M 系列芯片，都可以承担这样的推理任务。图 7-5 所示为 Intel 的酷睿处理器。

图 7-5

随着 AIGC 应用逐渐成熟，成本进一步降低，它与 IoT 场景的结合将会进一步深入。

一方面，我们可以基于 PC 和手机，在云端使用各种各样的 AIGC 应用。在这个场景中，模型有可能离线运行在本地，也有可能采用本地+网络结合的方式运行。

另一方面，基于 LLM 衍生出来的针对特定场景的小模型可能会有意想不到的应用。笔者猜想，在扫地机、智能机器人、智能音箱等我们熟悉的智能终端中，都有可能应用到 LLM 的衍生模型，那我们有可能看到在未来会有越来越多的终端芯片需要提高对 AI 算法的支持性。与资金门槛和技术门槛极高的云端芯片相比，终端芯片普及的趋势将会给更多的芯片公司带来机会。

7.1.2　随着 AIGC 的发展，对芯片会有什么新的需求

1. 摩尔定律和安迪−比尔定律：基础算力提高和负载算力节约

芯片界有两个很有意思的定律，即摩尔定律和安迪−比尔定律。

前者是指集成电路上可容纳的晶体管数目约每 18 个月便会增加一倍。

后者来源于 20 世纪 90 年代计算机会议上的一个小笑话，"安迪给的，比尔就会拿走"，安迪是 Intel 的前任 CEO 安迪·葛洛夫，比尔是微软的 CEO 比尔·盖茨。这句话的意思是新的软件总会耗尽硬件所提高的计算能力。

因此，云端芯片的计算能力将会继续提高，展现方式可能是现有硅基芯片的继续迭代，也有可能是存算一体、光计算、量子计算的突破。

由于芯片的成本过高，软件侧和硬件侧都会努力降低对算力的需求。我们已经看到类似的事情在不断发生：在硬件侧，例如谷歌针对神经网络计算开发了名为 TPU 的专用芯片，其在特定场景下的运行成本大幅低于同等性能的 GPU；在软件侧，ChatGPT 作为一个对话模型，是专门为聊天而设计的，而 GPT-3 是一个大型通用语言模型。目前，OpenAI 并未公布 ChatGPT 的参数规模，但我们可以从 ChatGPT 的兄弟模型——InstructGPT 上观察到软件优化对计算资源的节省。图 7-6 展示了 InstructGPT 和 GPT-3 参数规模的区别。在对话场景中，InstructGPT 仅使用了精选的 13 亿个参数［如图 7-6（a）所示］就达到了与 GPT-3 使用千亿个量级的参数［如图 7-6（b）所示］）结果相当甚至更好的回复质量。这意味着精选数据质量，深挖 Transformer 模型，将会有巨大的降本潜力。

（a）　　　　　　　　　　　　　　（b）

图 7-6

在我们可见的未来，基础算力的提高和负载资源的节约将会同时发生，而两者究竟会擦出什么样的火花，十分值得期待。

2. 成本降低迫在眉睫

虽然 ChatGPT 一炮而红，但是其高昂的运营成本是其大规模产业化应用的最大障碍之一。

业界已经充分关注到了 ChatGPT 的成本问题，并提出各个方向的优化措施：①硬件侧：NVIDIA 公司的 A100 的升级版 H100 显卡能提供更高性价比的算力；Intel 在 Vision 2022 大会上公布的新款云端 AI 专用芯片 Habana Gaudi 2 和 Greco，有可能针对 OpenAI 的场景做了特质化加速。②软件侧：以 Colossal-AI（潞晨科技的 AI 大模型开发系统）为例，其宣称能使 Stable Diffusion 模型的显存消耗降低至之前的 1/46。

7.2 AIGC 展示端口：AR/VR/MR/XR 设备

7.2.1 AR 设备

AR，即 Augmented Reality，又称为增强现实，指的是把虚拟世界叠加到现实世界，将现实世界的信息和虚拟世界的信息"无缝"集成的一种视觉技术。

1968 年，"The Sword of Damocles"（达摩克利斯之剑）的显示系统诞生了，这是由计算机图形学之父 Ivan Sutherland 开发的。他将一个光学透视的头戴式显示设备放置在用户头顶的天花板上，通过连接杆和头戴设备连接。用户佩戴此设备能够看到在现实中叠加的图形。当时还没有 AR 的概念，但此套系统的技术原理与今天的 AR 产品的原理是一样的。

1992 年，波音公司的研究员在其论文 *Augmented reality: anapplication of heads-up display technology to manual manufacturing processes* 中首次提到 AR

这个概念。

1997 年，AR 的定义首次被确定，包含虚实结合、实时互动、基于三维的定位三个特征。这不仅明确了 AR 未来的发展方向，还为其能够得到长远发展打下了坚实的基础。之后的几何光波导技术和衍射光波导技术也奠定了 AR 发展的技术基础，促进了 AR 产品的落地应用。

2012 年，谷歌推出了第一款 AR 眼镜 Google Glass。这对整个行业具有里程碑式的意义。时至今日，在 AR 领域中已经出现了成熟的 C 端应用，比如 Pokemon Go、Wikitude、Ingress 等。

AIGC 爆火也为 AR 产业赋能。2023 年，AR 设备的产量预计将增长 30%。在 AR 行业发展的过程中，硬件的进步和底层技术的完善，以及内容生态的繁荣和多样性增加，推动了 AR 行业的进步。通过 AI 和软硬件的深度融合，AR 设备能为消费者带来更加丰富的使用体验，满足消费者多种多样的内容需求。

7.2.2　VR 设备

VR，即 Virtual Reality，又称虚拟现实，通常被用来创造出一个超越现实的可交互的虚拟环境，也被认为是构建元宇宙的基石性硬件。VR 的关键技术主要包括动态环境建模技术、实时三维图形生成技术、立体显示和传感器技术、应用系统开发技术、系统集成技术等。

与众多新科技产品一样，VR 的概念也来源于科幻小说。早在 1953 年，小说家 Stanley Weinbaum 就在小说中描述了一款 VR 眼镜，VR 的概念自此开始萌芽。

1968 年，Ivan Sutherland 开发了第一个以计算机图形驱动的头盔显示器及头部位置跟踪系统，这成为 VR 技术发展史上的一个重要的里程碑。

20 世纪 90 年代，VR 眼镜迎来了第一波热潮，但最终因技术问题该热潮未能延续。由于 VR 眼镜的成本高、设计理念过于超前、技术缺陷等原因，VR 眼镜最终没能实现普及。

2015—2017 年，VR 行业经历了资本的追逐。2015 年，Oculus Rift 引领了 VR 普及化的小趋势，并于四年后推出头戴式设备。由于当时的基础设施尚无法满足用户对 VR 效果的期望，VR 设备面临了体验感不强、性价比低、内容及生态相对贫乏等问题，对消费者的吸引力不足，也没有得到发展及大量普及。

2019 年以来，5G、AI、云计算及边缘计算等技术有了新的进展，底层技术得到了发展，算力水平得到了提高，设备成本得到了降低，VR 设备又一次得到了关注。VR 设备进入了迭代—销量增长—用户增长—内容需求增长—内容质量提高—VR 设备销量继续增长这一良性循环状态。

除了 Meta 公司旗下的 Oculus 系列设备，字节跳动耗资 90 亿元收购的 Pico 也是中国市场上的一大主流 VR 品牌。短视频平台与 VR 设备几乎是密不可分的。如果智能大屏手机是短视频内容时代人手必备的硬件，那么 VR 设备是否会成为 AIGC 时代人手必备的硬件呢？

答案是非常有可能。目前，VR 设备面临的一大问题是缺乏制作精良的 VR 内容。虽然用 VR 设备可以玩游戏、看电影，但是这些内容的制作门槛较高，周期也长。未来，借助 AIGC 应用，VR 内容的制作成本可能会大幅降低，当普通人都可以使用 AIGC 应用制作优质的 VR 内容时，VR 设备的内容丰富程度将实现爆炸式增长。届时，或许我们就会从在手机上看真人直播转变成在 VR 设备上看数字人直播了。

据调查，选择 AR、VR 设备的主要群体是 20 ~ 25 岁的男性年轻群体。导致其销量不佳的原因除了上文提到的内容贫乏，可能也有其他原因。比如，VR 设备作为应用搭载的硬件目前尚缺乏现象级应用，并未形成规模化的完整生态链。此外，作为虚拟世界的流量入口，AR、VR 设备的价格似乎也没有达到可

以与目前有限的应用相匹配的程度。面对贫乏的应用内容，用户端的直观反映
是"性价比不足"，这也降低了用户购买相关设备的动力。

除了 AR 设备和 VR 设备，AIGC 也给使用 MR 技术和 XR 技术的硬件设
备带来了更丰富的视觉内容。MR，即 Mixed Reality，又称混合现实，是基于
VR 技术和 AR 技术发展而来的一种技术，用于实现将虚拟世界和真实世界合
成为一个无缝衔接的虚实融合世界。2015 年，微软公司推出了其开发的一种
MR 头显 Hololens，但至今 MR 的应用仍然十分有限。XR，即 Extended Reality，
又称扩展现实，是指通过计算机技术和可穿戴设备产生的一个真实与虚拟结
合、可人机交互的环境，是 AR、VR、MR 等多种技术的统称，经常被用于沉
浸式的虚拟演播区等场景。在 AIGC 的加持之下，MR 技术和 XR 技术所构建
的虚拟世界将会极大丰富，而构建成本也将大幅降低。

虽然内容与硬件的发展必然是相互促进的，但最终 AIGC 盛行在什么设备
上仍未可知。或许以上设备还没来得及普及和流行就迅速被新出现的设备所取
代。比如，脑机。

7.3　模型类 AIGC 应用在元宇宙里自动化建模

随着元宇宙时代的到来，未来的世界将会虚实融合，人们会沉浸在数字世
界中，而在元宇宙中需要构建大量的模型，生成元宇宙相关的数字资产。传统
的人工通过建模软件建模的效率较低，已经无法满足在短时间内大量建模的需
求，所以基于 AIGC 技术的自动化建模将成为在元宇宙中建模的主要手段。平
台方可以利用模型类 AIGC 应用大量生成模型，并且自定义参数使生成的模型
更符合产品需求。下面将围绕常规的模型类 AIGC 应用进行介绍，涉及元宇宙
模型的方方面面，如数字人生成、逆向建模、虚拟场景搭建、空间生成等，希
望可以帮助读者更加高效地构建 AI 模型。

7.3.1 拍视频就可以得到模型？基于视频自动化生成模型

Luma AI 是一家在 2021 年 9 月成立于美国加利福尼亚州的公司，完成了两轮共计 810 万美元的融资。该公司旗下的第一款产品能通过给物品进行视频拍摄，基于结构光算法自动生成此物品的三维模型。其使用了神经辐射场（NeRF）技术从图像中获取特征信息，并且渲染三维模型，这使得使用此产品拍摄的物品可以从多个角度查看，图 7-7（a）所示为视频内容，图 7-7（b）所示为根据视频内容自动化生成的三维模型。该三维模型支持导出 GLTF、OBJ 等格式的文件。Luma AI 更强调生成的模型的后期应用价值，而不是传统的查看。其生成的三维模型的质量较高，基本上可以直接应用，不需要人为二次处理。比如，你可以将生成的三维模型直接放在游戏场景或三维视频制作场景中，这极大地提高了人们的工作效率。目前，Luma AI 的产品非常容易使用，可以很好地复刻被拍摄的物品的造型，但是贴图的水平有待提高。

（a） （b）

图 7-7

7.3.2　元宇宙版的神笔马良，基于文本自动化生成三维模型

Luma AI 也提供了基于文本自动化生成三维模型的产品。用户通过输入文字信息［比如，在文本框中输入 "sushi on a plate, highly detailed, High Quality, delicious, tasty"（盘子里的寿司，细节丰富，质量上乘，美味可口）］，Luma AI 旗下的基于文本自动化生成三维模型的产品就可以自动生成三维模型，并且该模型支持导出 GLTF、USDZ、OBJ 等常用格式的文件。生成的三维模型的效果较为细腻，不仅结构符合物品在现实中的形态结构，令人惊叹的是该产品提供了符合实际的贴图效果。从图 7-8 中可以看出，虽然生成的物品产生了穿模的现象，但是在模型的切分、不同对象的贴图、生成的多样性上都有较好的表现，清晰地展现了三文鱼、黄瓜、紫菜的效果。这样的技术已经能极大地提高建模的效率。随着用户训练量的增加，模型的生成能力也会不断提高。生成这样的三维模型极具吸引力，这当然得益于 Luma AI 本身已经拥有了基于视频自动化生成模型的技术。基于此技术，Luma AI 快速地获取了大量的三维模型数据并进行训练，这也成了 Luma AI 的核心技术壁垒。

"sushi on a plate, highly detailed, High Quality, delicious, tasty" by @ratdreams_ai

图 7-8

7.3.3　穿越空间，虚拟直播空间建设

在每年的春节联欢晚会上，我们都能看到美轮美奂的虚拟场景。精美的虚拟场景加上演员们的表演，为我们带来了视觉盛宴。借助虚拟场景进行直播是很早就在应用的技术，但是随着技术的迭代和进步，以前只有电视台在应用的"高大上"的技术逐渐融入了我们的生活。

虚拟场景的技术原理可以分为以下几个方面：

（1）三维模型渲染：通过计算机生成三维模型，以呈现有真实感的虚拟场景。

（2）音视频的采集：使用摄像机采集真实的视频，使用麦克风采集空间的音频。

（3）虚拟现实融合：通过实时语义分割技术，将场景和人物进行分割，在提取人物形象的视频帧中实时插入预先内置的三维模型，实现虚拟与现实的融合。

（4）视频传输：将采集到的数据通过互联网传输到各个设备上，以实现虚拟直播。若采用全景摄像机，则可以实现三维的视频效果。

（5）互动性：利用互动式的玩法和模块，提高用户的互动体验。

在体验方式上，除了观看三维视频，用户也可以通过 VR 设备在这个三维虚拟世界中进行互动。随着计算机算力的提高、算法的优化升级、整体美术材质资源的富集，越来越多的个人和公司都在使用虚拟直播空间技术，搭建虚拟场景。个人会使用绿幕作为背景，而一些对场景要求比较高的公司采用 LED 屏幕搭建阵列，让观众置身其中，更好地融入视频制作的环境中。借助计算机实时渲染，可以实现所见即所得的拍摄体验。

目前，国内比较领先的虚拟直播空间服务商是成立于 2021 年的随幻科技。截至 2023 年 2 月，其累计融资 4 亿元。随幻科技依托 XR 技术，为用户提供虚拟发布会、虚拟电商直播、虚拟娱乐直播、虚拟教育直播等服务。随幻科技在技术层和应用层都实现了技术创新，在技术层通过 3D 深度实时虚拟系统、实时光影融合算法等多模态交互技术，提高了舞台的展现效果和实时响应能力，在应用层通过将复杂的技术富集到底层和零门槛便捷操作实现了虚拟直播空间的高效打造。

7.3.4　元宇宙的化身——数字人生成技术

随着虚拟社交软件 ChatRoom 爆火，越来越多的人开始关注数字人。数字人是人们内心的寄托。丰富、有趣的形象也让聊天互动变得更加有趣。数字人生成一般分为二维模型的呈现和三维模型的呈现。二维模型的呈现一般使用 Live2D 软件，通过传统的摄像头即可完成。Live2D 软件会自动地实现简单的人物及场景分割，通过计算机图像识别和面部捕捉技术，标定好人物的特征点后进行角色替换，将其替换成相应的模型，计算机也可以进行相应的场景替换。三维模型的呈现则需要真人佩戴相应的动作捕捉设备，实现对全身动作的捕捉，并且需要用摄像头实现对面部表情的精准采集，若采集了空间视频则可以将背景替换为三维场景，这会使得直播内容有景深，直播效果会更好。为了更好地带入角色，也可以使用 AI 变声器，让数字人实时改变音色，实现更自然的角色展现。在一些更加富有趣味的直播中，也可以预先内置相应的手势动作、姿态动作，并且做好动作和数字效果的映射。这样，数字人在做指定动作的时候就可以产生相应的效果，如做一个手势召唤神兽，施放魔法等。

7.3.5　把实物带到元宇宙中，基于三维激光扫描设备的文物逆向建模

在元宇宙中，需要海量的模型。要想将现实世界中的模型复刻到元宇宙中，三维激光扫描是一种非常高效的手段。在需要高精度建模的时候，三维激光扫描建模几乎是最好的方式，其工作原理为使用激光扫描物体表面并捕捉其形状、纹理等详细信息来创建物体的三维模型。此过程是从扫描设备中发射激光束并测量光反射回物体所需的时间来进行物体表面的特征测算，激光扫描仪从不同的角度捕捉多个测量值，然后将其用于创建物体的三维点云图（这个三维点云图是一个表示物体表面空间中的点的集合），最后在软件中复现出模型。

在捕捉物体信息的过程中，需要控制好光线，因为部分物体的表面会反光，从而导致机器的自动化贴图效果较差，这时需要喷显影剂。部分较为精细的模型贴图在后期需要人工进行修复和处理，以达到较好的效果。

随着元宇宙爆火，三维扫描设备也在迅速迭代。目前，该领域较为领先的公司为 CREAFORM INC.。该公司于 2002 年在加拿大成立，为客户提供 3D 技术和数字解决方案。其中，HandyPROBE 设备可以实现精确至 0.025 毫米的精确化测量，并且通过自动化矫正技术使得在移动扫描的过程中建模精度不会随着时间的推移而产生偏差。

7.4　AIGC 应用的未来

AIGC 就像一个小火苗，慢慢地点燃世界，提高了人们的工作效率，改变了人们创造事物的方法。算力的提高、算法的提出、硬件的普及，百年来科技

的高速发展才让我们感受到 ChatGPT 等 AIGC 应用带来的震撼体验。Google、OpenAI、NVIDIA、Meta 等世界顶级科技公司共同努力，才为今天出现便捷、实用的 AIGC 应用打下了基础，AIGC 是全人类的智慧结晶。

虽然市面上的 AIGC 应用的生成效果在某些领域中暂时还不够完善，但是我们仍然需要保持开放、包容的心态。从 Deep Blue 在象棋比赛中打败人类，到数字人直播带货，再到 ChatGPT 流畅地回答我们的问题、自动写代码，我们无法预知未来的 AIGC 应用会让我们感受到怎样的震撼，但是可以预知，在未来我们必然会与 AIGC 应用协同工作。这将改变我们的学习方法、工作模式，以及对世界的认知。时代的车轮滚滚向前，从未等待过任何人。我们要用更加积极的心态面对 AIGC 时代的到来，并且做好准备，在自己擅长的领域里发挥优势，携手推动这个生态的发展。

很多人问，未来是什么样的、元宇宙是什么样的？笔者认为，未来必然会基于 AIGC 技术大爆发带来内容大爆发。未来的元宇宙也必然是 AIGC 应用自主化完成的。到那时，我们每个人都可以成为"造物主"去创造自己的世界。

随着 AIGC 技术的进步，人们的未来必然会更加精彩！

第 8 章

AI 文明的降临已开启
倒计时

首先要恭喜各位读到这里的读者。在阅读完前面 7 章之后，你们已经对 AIGC 有了入门级的了解。本书的目的也就达到了一半。

另一半目的是什么呢？是忘却前面 7 章的内容，或者说，不要被前面的阐述限制了想象力。

让我们回到本书的主题 AIGC。这里有两个关键词 AI 和 GC，即人工智能和生成内容。关于人工智能，已经从技术、历史、应用等角度进行了非常详细的阐述。那么内容的定义是什么？

8.1　何谓内容

本书把内容定义为成体系、有主题的信息团，而这些信息团必须是智慧生物可读的。换句话说，混乱无序、言之无物或者无法解读的信息都不算内容。比如，远古文明遗留下来的石碑刻字，虽然它记载的信息曾经有内容，但在现在大众已经失去了解读能力，这些信息已经不算内容了，只算符号。

文字、声音、图片、视频都是内容的常见形式，但不是内容的全部范畴。如果从人类接收信息的感官角度来划分，图片和视频属于视觉内容，语音和音乐属于听觉内容，那么其他感官接收的信息呢？

触觉刺激信息是不是内容？

嗅觉刺激信息是不是内容？

情绪模式是不是内容？

答案是肯定的。传统内容通过信息对人体感官释放信号，人类接收信号刺激产生相应的反馈。前者是内容传播的过程，后者是内容解读的过程。内容的定义，本来就是随着人类社会的发展不断变化的。在人类出现之初，是没有"音乐"这种内容类型的；在电子屏出现前，也不存在视频这种内容类型；在 3D 概念出现之前，也不存在建模的内容。我们现在所定义的内容，全部基于信息革命之后互联网时代的认知。技术的发展带来了生产力的进步，新的内容类型一定会出现。

如果出现一种硬件设备可以绕过感官直接刺激大脑皮层，那么是否会出现"神经刺激型"内容呢？

著名科幻作家陈楸帆在小说《荒潮》中描述了一种电子蘑菇。这是一种绕过感官，通过脑机直接刺激大脑的信息团。所谓的生成内容，到现在为止还是间接刺激大脑的，在未来随着脑机的发展，或许 AIGC 可以是各种直接刺激中枢神经和大脑皮层的电波信号。届时，或许你不仅可以体验"李白看到的庐山瀑布"和"李白在你的旁边吟诵《望庐山瀑布》"，还可以直接感受"李白在看到庐山瀑布时的心情"。又或者，你可以在刚上高一的时候，就体验一下"考上清华大学的感觉"，从而激励自己好好读书或在年迈之时，借助 AIGC 和脑机重温一下"无忧无虑的童年"。

8.2 AIGC 的版权争议

对于内容，我们不能只关注创作。在现实世界中，人们对内容产业关注得更多的并不是创作，而是商业化运作。随着 AIGC 应用创作的内容大量增加，人们对著作权（或者版权）的讨论日益增多，出现了以下两个方面的争议：

AIGC 应用有没有著作权？

使用 AIGC 应用创作的人有没有著作权？

美国版权局（The United States Copyright Office, USCO）在 2023 年 2 月 21 日发布声明取消漫画书 *Zarya of the Dawn*《黎明的扎利亚》的著作权登记（美国版权局的理由是该漫画书有"非人类作者"），但该漫画书的署名作者 Kris Kashtanova 对自己撰写的部分享有著作权，对使用 AI 绘画工具 Midjourney 制作的图片没有著作权。也就是说，对于这本漫画书而言，Kris Kashtanova 只对创作的文本和图片的版式享有著作权。美国版权局还表示，"非人类作者创作的作品"无法进行著作权登记。

美国版权局认为，AIGC 应用没有著作权，对于使用 AIGC 应用创作的作品来说，人创作的部分可以进行著作权登记。

各国对著作权权利人的认定不相同，有些国家（比如，英国）认为 AIGC 应用可以享有著作权，有些国家（比如，中国和美国）则认为作品的权利人必须是自然人，而 AIGC 应用生成的内容不能被认定为作品，因此也不可以进行著作权登记。有一些 AIGC 应用在使用条款中标明了该应用享有著作权，但实际上这一主张在不认可 AIGC 应用有著作权的国家可能并没有充分的法律依据。使用 AIGC 应用进行创作的作者通常认为，使用 AIGC 应用进行创作的行为本身也是一种创作。但是，这同样缺乏法律依据。甚至，如果有人售卖 AIGC 应用创作的作品的相关商用权，买方可能还可以告他欺诈。

AIGC 应用不仅会带来内容范式的变化、生产力的变革、商业模式的迭代，还会带来分配方式和大众认知的变化，最终会推动人类文明进入下一个纪元——智能文明时代。

对著作权的讨论仍在继续，在若干年后或许这一话题将变得不再重要。在充满 AIGC 的未来，著作权的概念可能会进一步模糊。AIGC 应用无所不知、无所不能，将不断地被人类产生的数据训练，最终演化为人类群体智慧的代表。

8.3 普通人的 AIGC 时代生存建议

随着 AIGC 迅速崛起，人们在兴奋之后陷入了恐慌，开始担心自己的工作被 AIGC 应用取代。这种担忧并非无中生有。在科技发展史上，新科技大规模应用带来的技术性失业早已屡见不鲜。最早的技术性失业潮可以追溯到 19 世纪工业革命时期，彼时英国爆发了反对工业化的卢德运动。失业者大规模地损坏机器，希望以此来保住自己的收入来源。

AIGC 应用的普及会大大地降低内容创作这项行为的社会必要劳动时间，从而使社会平均劳动收入降低。

把与创作内容强相关的任务交给 AIGC 应用来做，有很多优势，其中最重要的就是降本增效。无论是人还是 AIGC 应用，创作内容的前提都是前期需要获取大量内容作为储备。正所谓"学海无涯"，与人相比，AIGC 应用的优势就体现出来了：AIGC 应用可以在短时间内快速学习大量的样本，同时随着人的反馈进行迭代升级。如图 8-1 所示，a16z 的游戏基金"Games Fund One"合伙人 Andrew Chen 在个人推特账号上表示，"AIGC 应用能将很多内容创作行业的成本降低到原来的 1%，而这些行业包括大家熟悉的影视业、游戏业和出版业等"。现今庞大的内容创作团队的工作（包括策划、文案、剪辑和特效等）都可以由不同类型的 AIGC 应用来完成，这就意味着团队中大量的工作人员面临失业问题。

图 8-1

　　举一个简单的例子，原来设计一张海报的市场平均价可能是 1000 元，需要耗费 5 小时，而在 AIGC 应用普及之后，只需要 5 分钟就能生成一张海报，那么设计海报的市场平均价可能降低到 100 元。虽然顶级设计师设计海报的价格可能不会变化，但是绝大多数腰部以下的从业者必然面临收入的缩水。在这个案例中，我们不难发现，避免被 AIGC 应用取代的关键就在于，保持作为"人类"的核心竞争力。

　　那么如何保持作为"人类"的核心竞争力呢？有两个思路。第一个思路是像上文提到的案例一样，在从业领域达到顶级水平。第二思路则是学会使用 AIGC 应用。

　　我们再举一个简单的例子来说明。一个在北京市从业 3 年的 UI 设计师的月薪是两万元，一家初创 App 公司需要雇用 3 个 UI 设计师。然而，随着 AIGC 应用的成熟，公司只需要雇用一个 UI 设计师即可，因为在 AIGC 应用的帮助下，一个人就可以完成过去 3 个人的工作。随着 AIGC 应用的进一步发展，UI 设计这个工作甚至可能和运营合并，因为公司需要的已经不是"会 UI 设计"的员工，而是"会使用 AIGC 应用做 UI 设计"的员工。那么此前的 3 个 UI 设计师无疑就面临了可能会失业的问题。尽早学会使用 AIGC 应用的员工则可以保住工作，甚至可能因此升职加薪。毕竟公司原来需要雇用 3 个人完成的工作现在只需要雇用一个人了，从裁掉的人员预算中给保留的人员涨工资似乎很合理。

更可怕的是，以往工业革命促使机器代替人工之后，释放出来的劳动者还可以从事新的工作，但随着 AIGC 应用的发展，全社会新增劳动岗位的速度已经出现跟不上 AIGC 应用取代人工的速度的苗头。AIGC 应用越完善，人工似乎就越没有价值。跟不上时代发展的劳动者将无法获得收入，无法进行消费，从而逐步被经济体制所驱逐。

然而，抵制科技的进步或者抵制科技的应用，都是徒劳的挣扎。历史的车轮滚滚向前，科技的发展速度并非任何个体能控制的。用抵制新技术应用来缓解技术性失业无异于本末倒置。当回顾历史、面向未来时，我们会发现解决这一问题的核心方法是，公平地向全社会提供接触、学习和认识新技术的机会，从而让更多的人能跟上技术发展的步伐并从中受益。这正是 a15a 努力的方向。

在此，a15a 为普通人提出 3 个 AIGC 时代的生存建议。

8.3.1　生产力工具："人工"+"智能"=最强"打工人"

人类和动物的区别始于学会使用工具；若干年后，或许会产生新的论调——人类和"智能人类"的区别始于学会使用 AIGC 应用。

有些年轻人的工作时间很长，工作压力很大。尤其对于常年遵循"996"工作制的职场人来说，日常工作往往比较基础和琐碎，重复性较高。如何提高工作效率是每个人都关心的话题。虽然 AIGC 驱动的生产力工具听上去非常"高大上"，但其实已经在我们的身边很久了。小到大家习以为常的自动完成（Auto Completion）工具，大到全套办公软件，例如微软计划将 OpenAI 的 AIGC 应用融入 Microsoft Office 工具中，包括 Word、Outlook、PowerPoint 等。你只要输入一些关键词，AIGC 应用就可以帮助你完成全部的工作。

1. 好中选优

举个例子，内容创作者绞尽脑汁也没办法创作出有创意的文案或者脚本。此时，借助 ChatGPT 能快速地做出一个尚可使用的方案。比如，向 ChatGPT 发出“请帮我写一段可以引起快速传播的 TikTok 视频脚本，时长在 30 秒之内”的指令。ChatGPT 给出的答案非常有意思，不仅给出了对关键镜头的描述，而且对很多细节（包括时长、节奏）都给出了自己的想法。职场人在工作的时候，尤其是做与创意相关的工作（例如，影视编剧、广告策划等）时，经常会遇到高质量创意相对缺乏、作品质量需要提高等问题。如图 8-2 所示，AIGC 应用可以帮助职场人扩展很多创意新思路，从原来的“从无到有”到现在的“好中选优”。

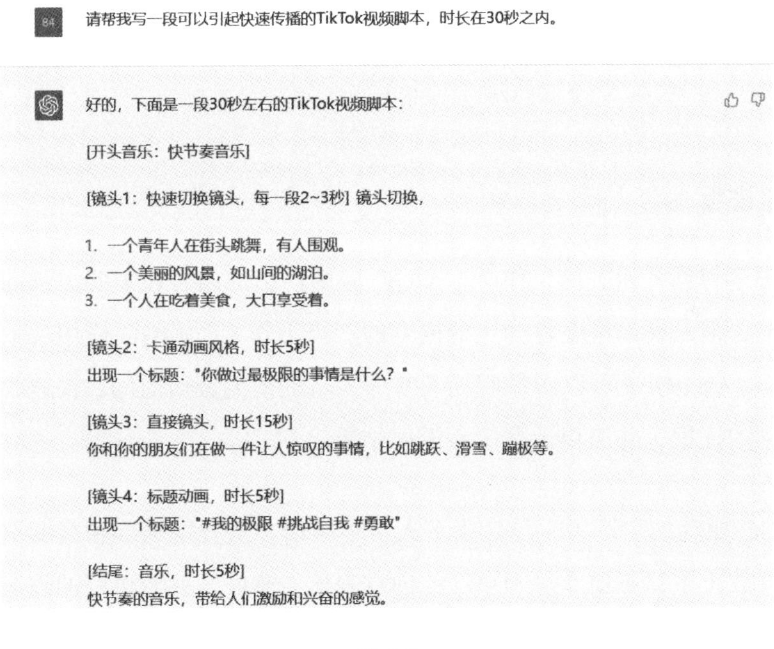
84 请帮我写一段可以引起快速传播的TikTok视频脚本，时长在30秒之内。

好的，下面是一段30秒左右的TikTok视频脚本：

[开头音乐：快节奏音乐]

[镜头1：快速切换镜头，每一段2~3秒] 镜头切换，

1. 一个青年人在街头跳舞，有人围观。
2. 一个美丽的风景，如山间的湖泊。
3. 一个人在吃着美食，大口享受着。

[镜头2：卡通动画风格，时长5秒]
出现一个标题："你做过最极限的事情是什么？"

[镜头3：直接镜头，时长15秒]
你和你的朋友们在做一件让人惊叹的事情，比如跳跃、滑雪、蹦极等。

[镜头4：标题动画，时长5秒]
出现一个标题："#我的极限 #挑战自我 #勇敢"

[结尾：音乐，时长5秒]
快节奏的音乐，带给人们激励和兴奋的感觉。

图 8-2

2. 准确描述

当老板的需求描述得含糊不清时，职场人很难揣摩他的意思。与现实中的

职场人一样，需求越具体，AIGC 应用交付的内容的可用性就越强。例如，向 ChatGPT 发出"请整理一个表格，前 5 种货币对人民币的实时汇率"的指令。很快，ChatGPT 就给出了清晰可用的答案，如图 8-3 所示。可以预见的是，"AIGC 描述师"这个职业会很快出现，并且取代大部分从事低端内容创作和处理工作的人。

图 8-3

3. 优化排版

在很多与创意相关的工作上，AIGC 应用产出的内容还需要大量的人工辅助和反馈，但是在以事实性为主的内容的产出工作上，AIGC 应用展示出了很强的优势。ChatGPT 可以帮助职场人节约大量的前期调研时间，快速收集以事实为基础的证据，并简单地排版后返回结果。

AIGC 驱动的生产力工具让很多人事半功倍，从日常琐碎和高度重复性的工作中释放出来，更加专注于自己的创意表达。然而，就像再好的跑车，假如没有一个出色的车手去驾驭，也不可能抵达目的地。再高效的生产力工具归根到底还是工具，如果缺乏了人的愿景和目标，就没法完成任务和使命。从短期来看，AIGC 应用不会完全取代创作者，但是可能会取代那些不懂得使用 AIGC 应用的创作者；从长期来看，各位读者更不必担心自己的工作是否会被取代，因为那是必然的。

所以，如果想成为最强"打工人"，"人工"和"智能"缺一不可。

8.3.2　做 AIGC 应用的老师，为人类的"群体智慧"做贡献

AIGC 应用完全代替人类的工作尤其是创作性的工作还有很长的时间。AIGC 应用需要海量的数据来进行学习。随着数据越来越多，产生的高质量的内容才会越来越多。所以，每天人类产生的任何形式的内容，都是 AIGC 应用训练数据的来源。从这个意义上来说，人类是 AIGC 应用的老师，而 AIGC 应用则代表了人类的群体智慧。

决定 AIGC 应用"三观"和"能力"的永远是人类。那么作为 AIGC 应用的使用者和创造者，人类每一次输出的内容都在对未来 AIGC 应用的决策产生影响。换句话说，我们希望 AIGC 应用反馈什么，就应该为 AIGC 应用输入什么。

8.3.3　向 AIGC 应用学习逻辑，同时关注创新

目前，文本类 AIGC 应用的优点是强语义沟通、强逻辑、词汇量丰富，而缺点是社交弱，比如难以分辨社交类非语言信号，通俗地说就是"情商低"。不过，这一问题会随着模型的改进和训练数据的增加而逐步解决。

AIGC 应用在倒逼人类提高逻辑能力。AIGC 应用的逻辑强不代表人类就可以降低对自己的逻辑能力要求的标准，相反，人类更需要有逻辑能力来理解并驾驭 AIGC 应用生成的内容。

AIGC 应用的学习能力远超人类，并且可以 24 小时不间断学习。因此，不

可置疑的是，AIGC 应用在任何领域中都比人类学习得更快。那么问题来了，与 AIGC 应用相比，我们的大脑强在哪里？答案是唯一的，就是创新性。AIGC 应用只能提取现有的东西，而创造不存在的东西还得靠人脑。所以，作为人类的我们在提高逻辑能力的同时，对创新保持热情也至关重要。

在此，a15a 预言，在 2028 年之前 AIGC 应用会取代人类的大多数初级工作。不过大家也不用焦虑，因为我们需要焦虑的是通过自己的努力能改变的事情，而 AIGC 应用取代人类工作是无法阻挡的历史既定进程。作为人类，我们能做的就是，找到自己的核心竞争力，并且不断努力提高核心竞争力，找到自己的"生态位"，这样才能在未来的三五十年活得相对舒服。

后　记

贾雪丽、0xAres 和张炯作为主编梳理了本书的结构和内容范围。

贾雪丽撰写了 2.2 节～2.5 节和 2.8 节，并对第 2 章的内容进行核对；0xAres 撰写了 1.5 节、8.1 节、8.2 节、8.3.2 节和 8.3.3 节，并梳理了全书内容；张炯撰写了 2.6 节、2.7 节、5.3 节和 5.4 节；王沛弘撰写了 5.2 节和 5.5 节；李钰撰写了 6.1 节、6.2 节、6.3.1 节～6.3.4 节和 6.5 节；刘博卿撰写了 4.1.4 节、4.1.5 节、4.3 节和 4.4.2 节；戚耀文撰写了 6.3.5 节～6.3.7 节、6.4 节、7.3 节和 7.4 节，并对第 6 章和第 7 章进行了文字整理；张国强撰写了 5.1 节；查尔斯撰写了 3.3 节～3.4 节、3.5.2 节～3.5.4 节和 3.6 节；Cheney 撰写了 7.1 节；李晨啸撰写了 4.2 节和 4.4.1 节；永宁老师撰写了 3.5.1 节、3.7 节和 8.3.1 节；Crystal 撰写了 3.2.1 节和 3.2.2 节；许子正撰写了 3.1 节和 3.8 节；秦筱箫撰写了 1.1 节、3.2.3 节和 3.2.4 节；孙敬邦撰写了 4.1.1 节～4.1.3 节和 4.1.6 节；侯佳颖撰写了 1.2 节～1.4 节和 7.2 节；RealDora 撰写了 1.4 节中的 Stability AI 案例；魏天琛撰写了 5.6 节；贾雪娜撰写了 2.1 节；阿卡对第 1 章和第 3 章进行了文字整理和纠错；Luis 对第 5 章进行了文字整理和纠错。

特别感谢星图比特和深元科技有限公司为本书提供了部分案例和图片素材。特别感谢肖京、王义文和张之勇为 AIGC 技术相关内容的写作提供了指导。

未来，我们将持续关注 AIGC 的技术发展、相关动态和商业场景，并会推出相关的科普文章、视频和讲座。欲了解相关信息的读者请关注 a15a 的官网，以及 a15a 的小红书、抖音、推特账号，或发邮件到 aresblockchain@gmail.com。诚邀大家和 a15a 一起认知科技，预见未来！

a15a

2023 年 3 月